【原案】下駄華緒
【漫畫】蓮古田二郎

saigo no hi o tomosu mono
kasoba de hataraku
boku no nichijo

點燃最後一把火的送行者
一級火葬士的工作日常 2

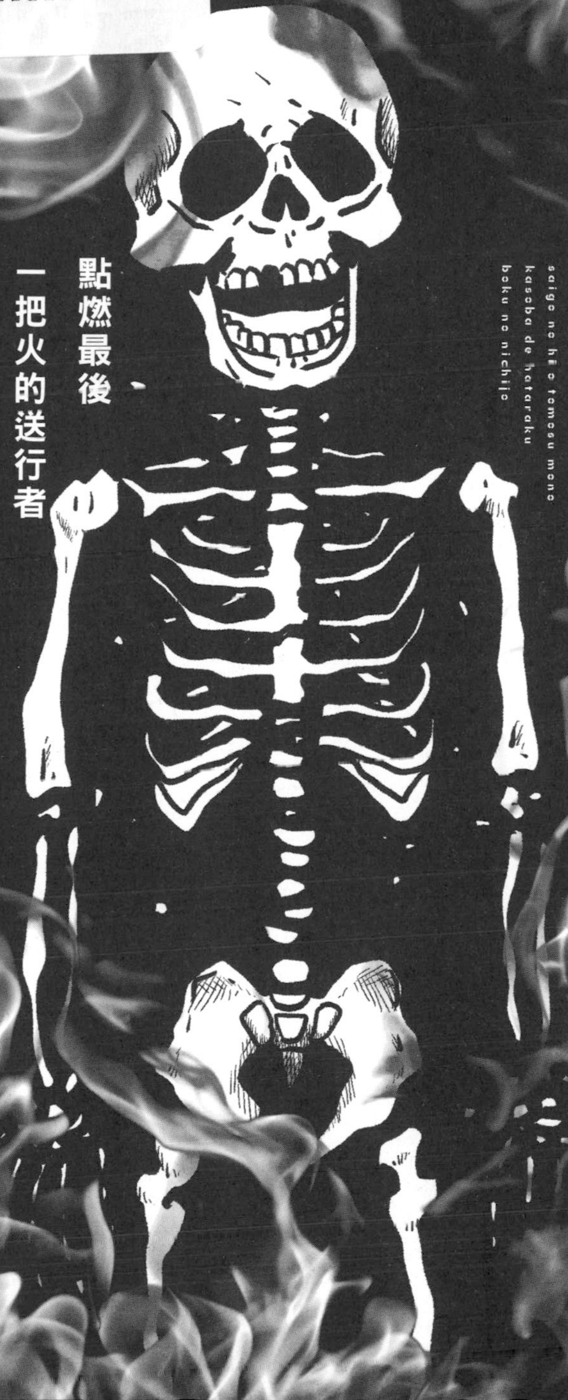

Contents

早啊。
早安——。
你們早啊。
ミーン
ミーン
ミーン
ミーン
※蟬鳴聲
各位讀者，大家早安。我的名字是下駄華緒，
目前是任職於這座火葬場的員工。
第1話
我在火葬場的工作日常
設立火葬場時必須顧及對鄰近居民所造成的諸多不便，因此大多座落於郊外，
シャワ
シャワ
シャワ
シャワ
※蟬鳴聲
火葬場員工得從火車站或公車站走上好一段路上下班。
「抵達職場後的第一件事就是換上制服」。
今天也是從早上就很熱耶。
嗯。
我最喜歡大熱天了。
啊哈哈
畢竟我很熱血嘛。
嘻嘻嘻
這位是尾知茂先生，是我最常請益的資深員工。

而早上的第一件工作就是打掃環境。
畢竟火葬場的占地廣闊，
只要一有空，我們就是在打掃。
前輩！我們今天也要充滿活力地一起加油喔！
這位是鬼瓦桃子小姐。
她總是精神抖擻，是我很疼愛的後輩。
※砰
打掃結束後，大家會一起確認今天的行程。
看仔細了！要把這些事項好好記在腦袋裡喔！
這位是堀田菅子女士。
個性豪爽，有時也有柔情的一面，是我們職場的大姊頭。

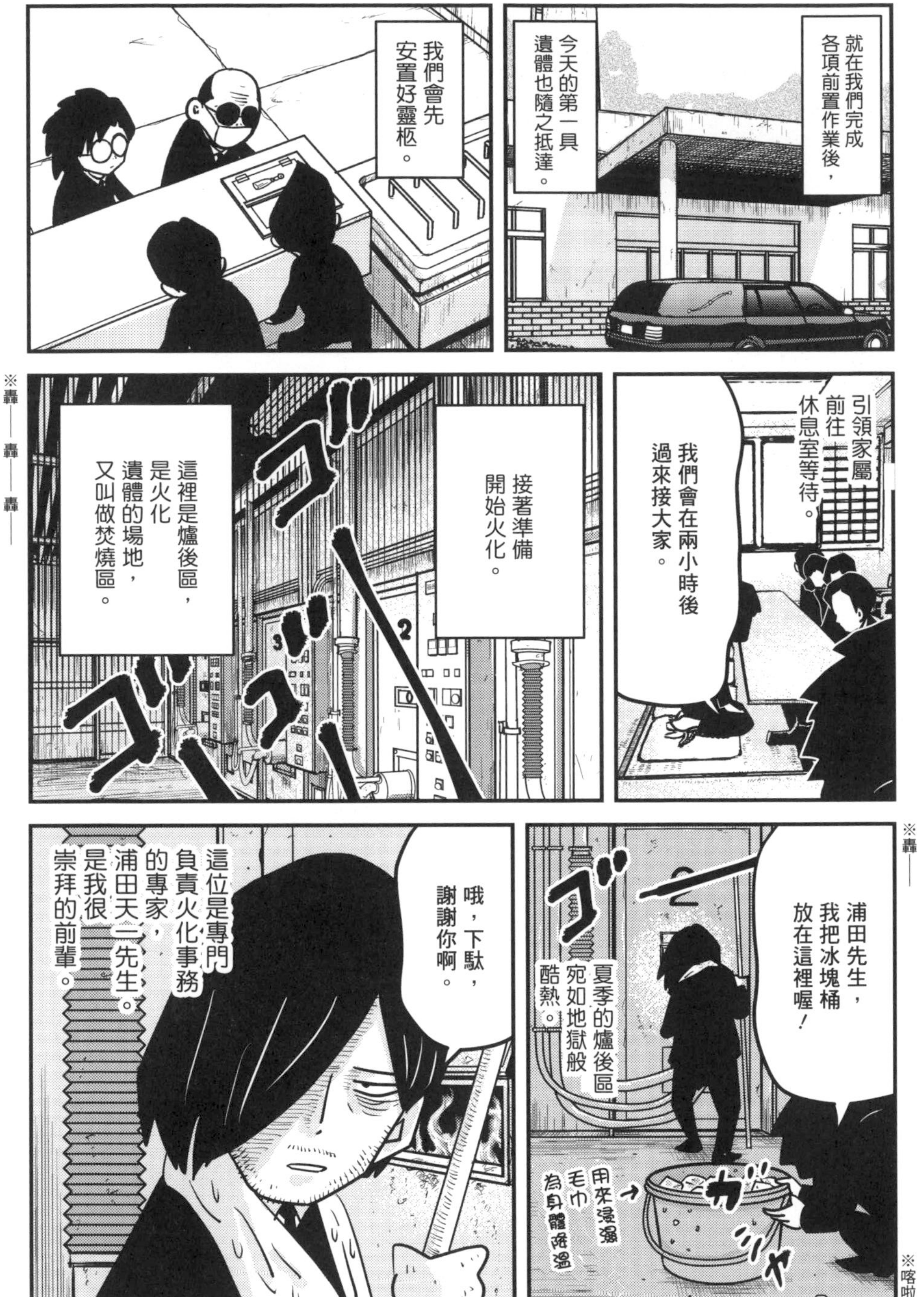
就在我們完成各項前置作業後，
今天的第一具遺體也隨之抵達。
我們會先安置好靈柩。
引領家屬前往休息室等待。
我們會在兩小時後過來接大家。
接著準備開始火化。
這裡是爐後區，是火化遺體的場地，又叫做焚燒區。
※轟——轟——轟——
浦田先生，我把冰塊桶放在這裡喔！
夏季的爐後區宛如地獄般酷熱。
用來浸濕毛巾為身體降溫
※轟——
※喀啦
哦，下駄，謝謝你啊。
這位是專門負責火化事務的專家，浦田天二先生。是我很崇拜的前輩。

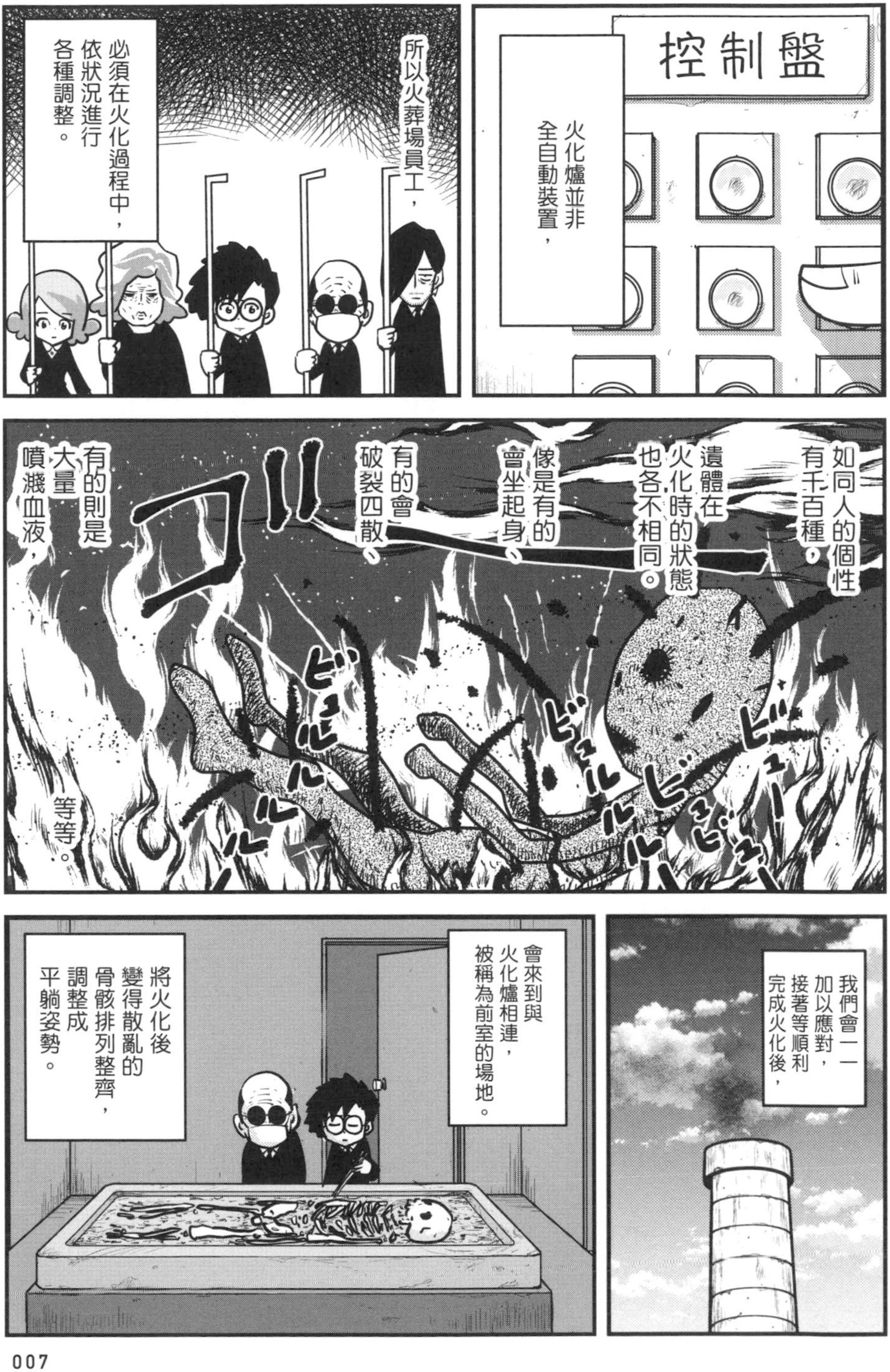
控制盤
火化爐並非全自動裝置，
所以火葬場員工，
必須在火化過程中，依狀況進行各種調整。
如同人的個性有千百種，
遺體在火化時的狀態也各不相同。
像是有的會坐起身、
有的會破裂四散、
有的則是大量噴濺血液，
等等。
我們會一一加以應對，接著等順利完成火化後，
會來到與火化爐相連，被稱為前室的場地。
將火化後變得散亂的骨骸排列整齊，調整成平躺姿勢。

※飛濺——噴射——

然後才進行撿骨儀式。
接下來由我為各位做撿骨的說明。
這部分是骨盆。
手臂則位於骨盆左右兩側。
將骨灰罈交給家屬，
辛苦了。
辛苦了。
最後目送家屬離開後，一切才算大功告成。
我們會在空檔時間待在休息室聊天說笑。
アハハハ
沒多久後下一具遺體隨即到來。
如此反覆勞動一整天，
カナ
カナ
カナ

※啊哈哈哈

※蟬鳴聲

終於結束一天的工作。
辛苦啦—
辛苦啦
大家辛苦了
說個題外話，我們火葬場員工，
面對工作時一絲不苟，
※嚴肅
不過我覺得
蠢蛋
啊哈哈哈哈
很多人私底下個性是很開朗愛耍寶的。
呵呵
而這本漫畫則鉅細靡遺地描繪出我們
在火葬場的工作日常。

※轟——
コツ
這可不妙啊⋯⋯小菅。
真⋯真的很不妙耶，阿茂⋯
※開門
ガチャ
浦田拜託你！快跟我來！
光憑我跟小菅，根本無法應付啊！
※濃煙密布
遇到超驚人的煙佛啦!!
モク
モク
第2話
煙佛的火化
我們懷抱著敬畏之意，將此類型的遺體尊稱為煙佛，本篇要跟大家好好聊聊這個主題。

火葬場經常會收到各式各樣的投訴，
其中我們火葬場員工最為注意的事項，莫過於不要造成濃煙飄散。
香菸與篝火所產生的煙霧，時常引發鄰居糾紛。
光是一般的煙霧，往往就問題多多…
噢…
風和日麗
天氣真好耶，小寶貝…
假若是從人的屍體散發出來的煙霧…
啪啪
小寶貝的被子也會曬得很乾爽喔。
臭…
好臭…
※煙霧瀰漫
好臭喔!!這是火葬場焚燒屍體的煙霧啊!!
討厭死了啦！
哇哇大哭
關窗
因這種情況而被投訴，我們也覺得很無奈。

ダダダ
※狂奔
尾知先生！
這該不會是…！
嗯……
是自燃!!
真糟糕啊……
だだっ
※奔跑
自燃
如同先前所說明的內容般，每具遺體皆各有其特性，
並非所有遺體在火化時都會呈現同樣的狀態。
有的人容易產生煙霧，有的人則否，
這是千真萬確的事實。

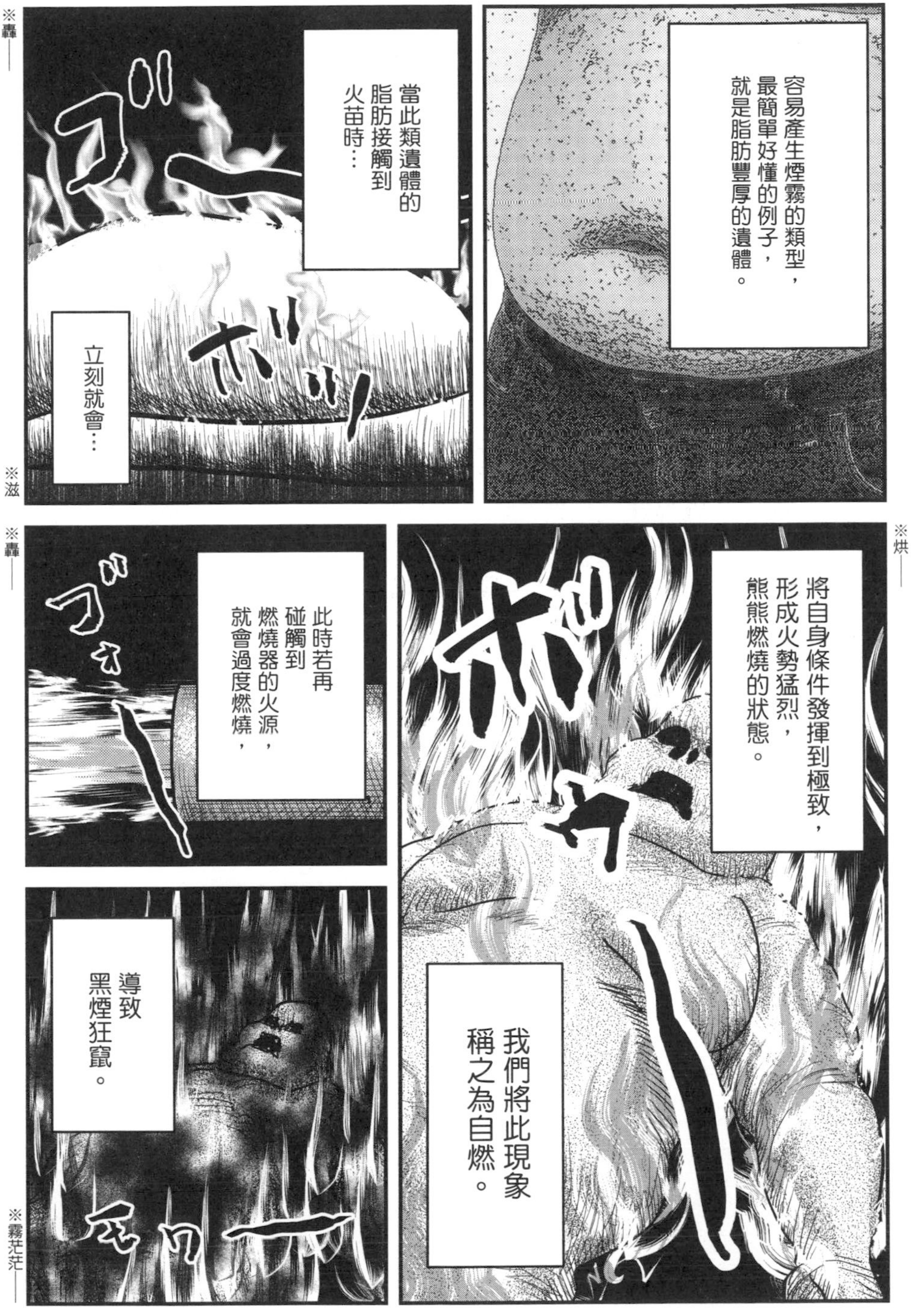
容易產生煙霧的類型，最簡單好懂的例子，就是脂肪豐厚的遺體。
當此類遺體的脂肪接觸到火苗時……
※轟——
立刻就會……
※滋
將自身條件發揮到極致，形成火勢猛烈，熊熊燃燒的狀態。
※烘——
我們將此現象稱之為自燃。
此時若再碰觸到燃燒器的火源，就會過度燃燒，
※轟——
導致黑煙狂竄。
※霧茫茫——

堀田女士！
ダダダ
※飛奔
ワナワナ
※不知所措
該怎麼辦？浦田！
オロオロ
※緊張萬分
現在因為火勢太猛烈，導致爐內的氧氣不足，造成不完全燃燒的狀態。
ゴ
※轟——
尾知先生，不如乾脆關掉燃燒器吧！
嗯！
堀田女士請補充氧氣！
包在我身上!!
バタバタ
※手忙腳亂
下駄！鬼瓦！
這下會湧入大量的投訴電話喔……
就由你們負責對應!!
好的！
好的！
ドタドタ
※疲於奔命

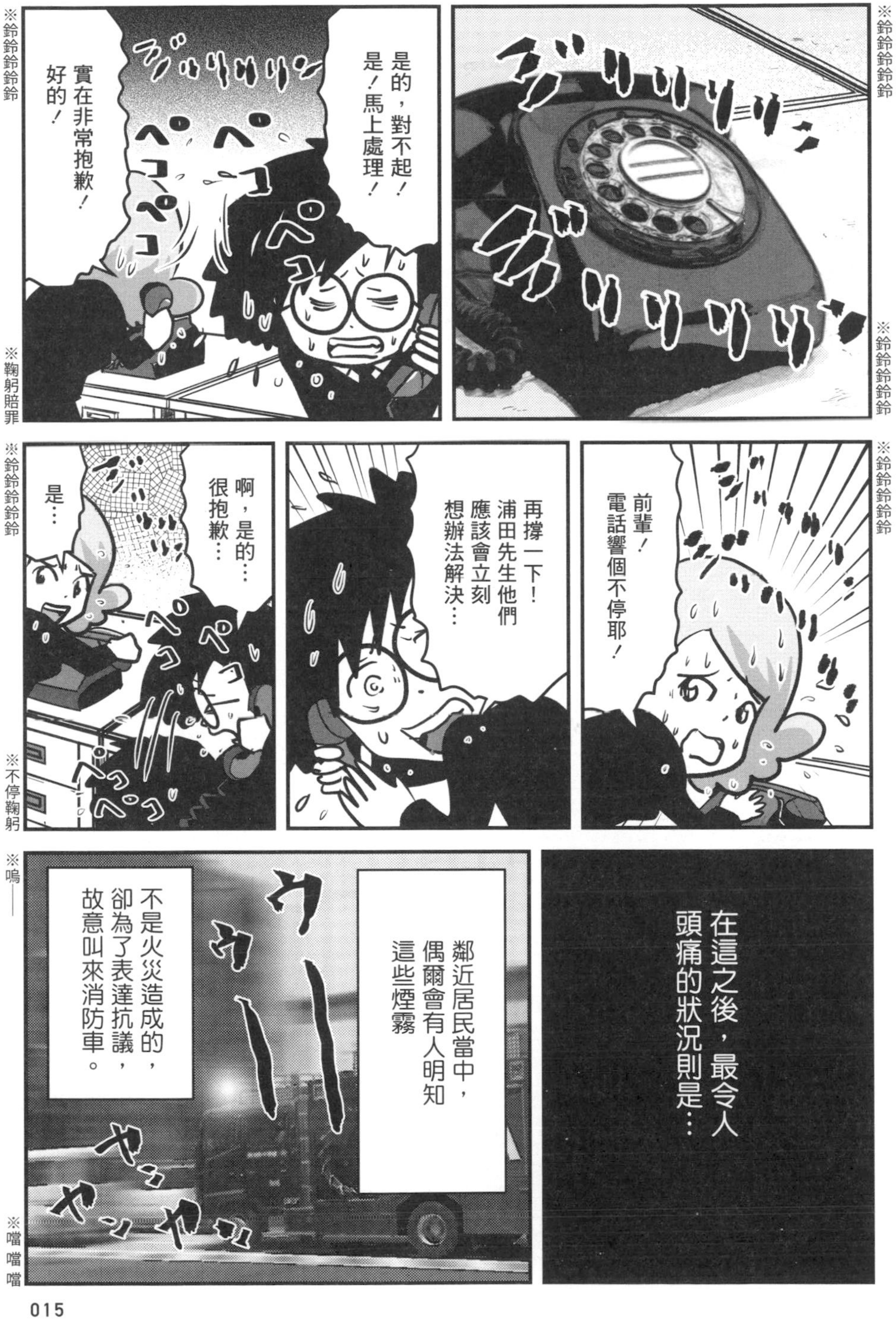
※鈴鈴鈴鈴鈴
是的，對不起！是！馬上處理！
實在非常抱歉！好的！
※鈴鈴鈴鈴鈴
※鞠躬賠罪
※鈴鈴鈴鈴鈴
前輩！電話響個不停耶！
再撐一下！浦田先生他們應該會立刻想辦法解決…
啊，是的…很抱歉…
是…
※鈴鈴鈴鈴鈴
※不停鞠躬
在這之後，最令人頭痛的狀況則是…
鄰近居民當中，偶爾會有人明知這些煙霧
不是火災造成的，卻為了表達抗議，故意叫來消防車。
※嗚——
※噹噹噹

遇此情況，就必須十萬火急地跑去跟因不明就裡而感到不安的喪家親屬，以及趕來救火的消防隊員說明原委。
前輩，等我……
鬧哄哄
動作快！
手忙腳亂
一切正常，抱歉讓各位擔心了。
剛剛並不是火災！
鞠躬 賠罪
議論紛紛
那是從遺體裡竄出的煙霧，沒有任何問題。
抱歉造成這麼大的騷動。
鞠躬 賠罪
這人生前就處處給大家添麻煩，直到最後的最後還出這種狀況…
真的是個麻煩精…
真是的…
鬧了這麼大一齣，不知能否按原定時間結束…
魚貫而入
發動～
真的非常抱歉！
真的非常抱歉！
呼…
呼…
不是給人添麻煩就是被人找麻煩，我們這些凡夫俗子還真是狀況百出呢。前輩。
就是說啊
哈哈…
但是妳看喔，

※飄飄然

※掰掰

※跑跑跑

煙佛如今已從紛紛擾擾的人世間解脫了…
バイバイ
フワフワ
真的耶…整個人看起來通體舒暢地前往天國報到…
一路順風。
路上小心。
工作人員！
你們在幹嘛!?
我們想跟你們確認一下時間。
好的！
好的！
快步跑
實在有夠忙，代表我們還活在這世上。
是啊，忙忙碌碌也是福，我們一起努力吧！
たたた

下駄來
解惑!!
火葬場Q&A

問題 1

對於鄰近居民，除了煙霧問題外，是否還有其他特別注意的事項？

下駄的回覆

煙霧可說是最簡單好懂的事例，至於其他事項的話，我想可以舉「噪音」這個例子。有些讀者可能會納悶，咦？火葬場會有什麼噪音嗎？畢竟是進行火化的場所，當然會產生各種聲響。尤其是在火葬場服務時間外的時段，必須更加留意。過去曾發生過這樣的一件事：某座火葬場在某天早上接到警方打來的電話，內容提到附近居民向他們投訴『從火葬場裡不斷傳出非常吵雜的聲響』。查明箇中原由才發現，場內設有壓縮機，這種機器可以從噴嘴咻地一聲高速送出壓縮過的空氣，我們會使用這項設備來去除在火化過程中，附著於遺體上的各種物質，然而該火葬場的壓縮機噴嘴橡膠管卻有一部分裂開，導致機器一整個晚上不斷「咻咻」作響。

今天是3號爐的清潔日。
今天會打掃3號爐喔。
好的！
3號！
今天會打掃3號爐喔。
好的，禁止使用3號。
大家之所以一整天將這句話當成問候語來說，其實是有原因的。
在清潔火化爐的過程中，若這道超重又堅固的隔熱門從外側被關上時，
ギャリ
ギャリ
ギャリ
ギャリ
ギャリ
隔熱門
火化爐
第3話
火化爐的清潔
前室
可就大事不妙，會超級困擾。
對吧。

※嘎嘎嘎嘎

前輩，請問一下，門被關上的話會怎樣啊？
當門關閉時，就可以從外面啟動點火開關。
萬一真的有人按了這個按鈕，
裡面的人就算放聲大叫，外面也都聽不到。
因為燃燒器的聲音實在太吵…
※轟——
那還真的很不妙耶。
うへぇ
※嗚嗚
嗯，而且啊…
這道隔熱門有好幾噸重，在日本的火葬場有時會罕見地發生工作人員的腳被夾住，慘遭壓碎的意外。
若是身體被夾住，必死無疑。
※血肉模糊
為了防止那樣的事故發生，才會規定打掃時一整天都禁止使用該火化爐。
所以大家打招呼時才會順便提醒啊？原來是這個用意。
可是說也奇怪，都已經過一天了，居然還這麼燙…平時的溫度根本沒這麼高…
什麼!? 怎麼一回事!? 前輩！別嚇我呀…

別怕別怕，只是我心理作用，那就開始打掃吧。
好的。
我們的任務就是清掉這些卡在爐內，黑得發亮，貌似玻璃的物質。
像這樣把平鏟插進裂縫裡，
※喀
接著敲打把柄頭，
※叩叩叩
然後它們就會紛紛脫落。
哇……
※碎裂四散
啊哈哈，前輩全身都是粉耶。
好髒喔——
喂，不可以說很髒這種話啦。
因為……
※嚴肅

※砰——

※噗咻 ※噴——

這些物質是由遺體內流出的脂肪、噴濺出來的體液，以及飛散的肉塊碎屑凝固而成的。
附著——
附著——
對…對不起…
原來這些物質的形成經過如此悲壯。
嗯…不過，這對人體來說並非什麼好東西…所以妳也要小心。
前輩果然也很悲壯地敗下陣來…
昏昏沉沉
雖然沒有危害…
前輩加油！
無論是這些黑黑的東西，還是前輩崇敬故人的心意，都美到發亮！
謝謝妳。

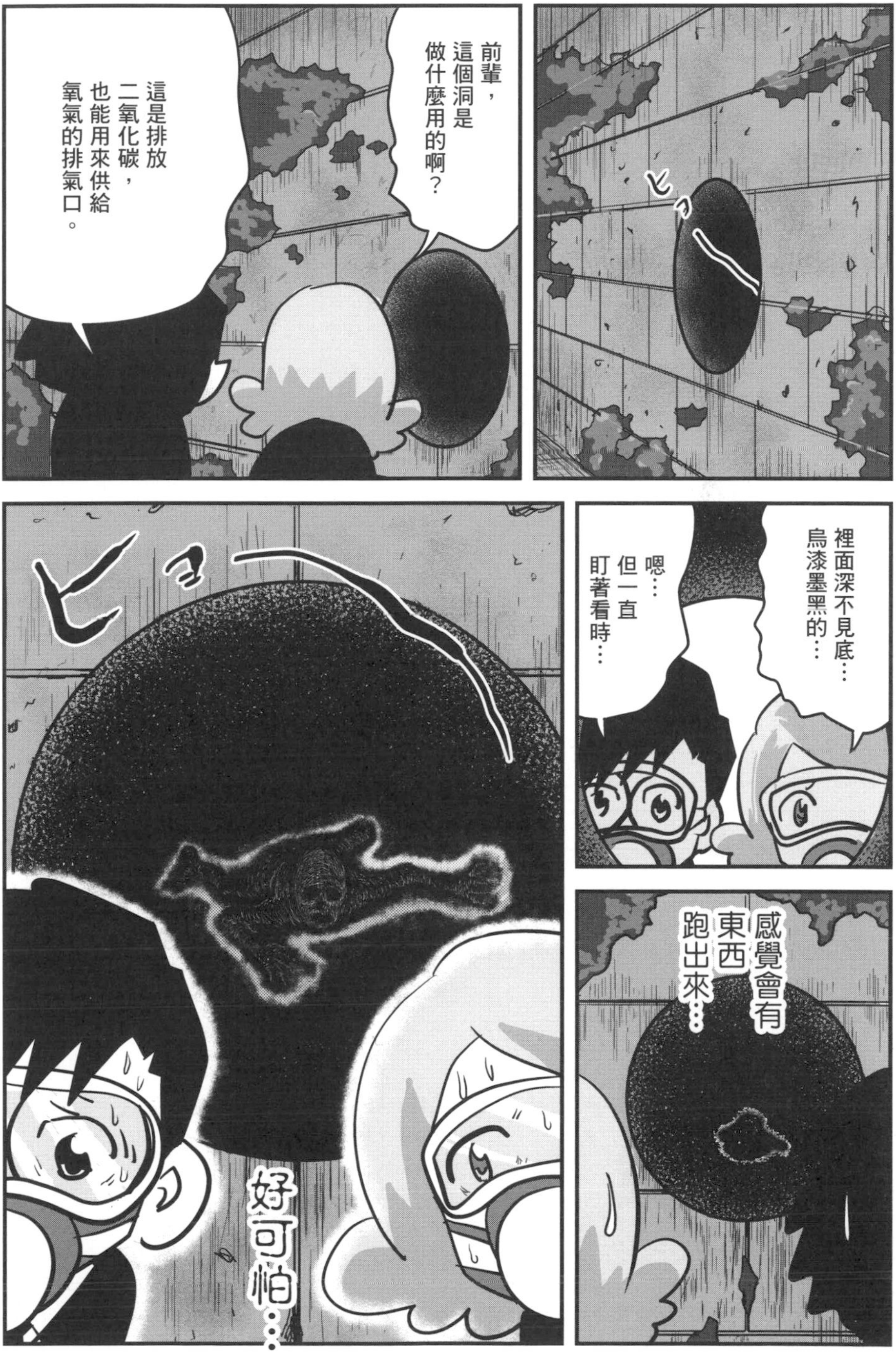

ヒュ
※咻——
前輩，這個洞是做什麼用的啊？
這是排放二氧化碳，也能用來供給氧氣的排氣口。
裡面深不見底⋯烏漆墨黑的⋯
嗯⋯但一直盯著看時⋯
感覺會有東西跑出來⋯
ヒョ
※咻——
好可怕⋯

※瑟瑟發抖
咻—
我們趕快弄一弄吧。
好的…
※叩叩叩
カン カン カン
就在此時!
ヴ〜ン
※噗—
宛如女人尖銳高亢笑聲般的機械音隨之響起，
ギャ ギャ ギャ ギャ
※嘎嘎嘎嘎嘎
隔熱門開始關閉。
ギャ ギャ ギャ ギャ ギャ
※嘎嘎嘎嘎嘎
わ
※啊—

別關！別關！
有人在裡面!!
※哇哇
救命啊!!
救命啊!!
キャーキャー
往前衝
※呀呀
危險，不可以靠近！
萬一被夾住就沒命了!!
抱住
嗚呼
※砰咚──
點火
※嗚哇～
浦田，你在幹嘛!!
……

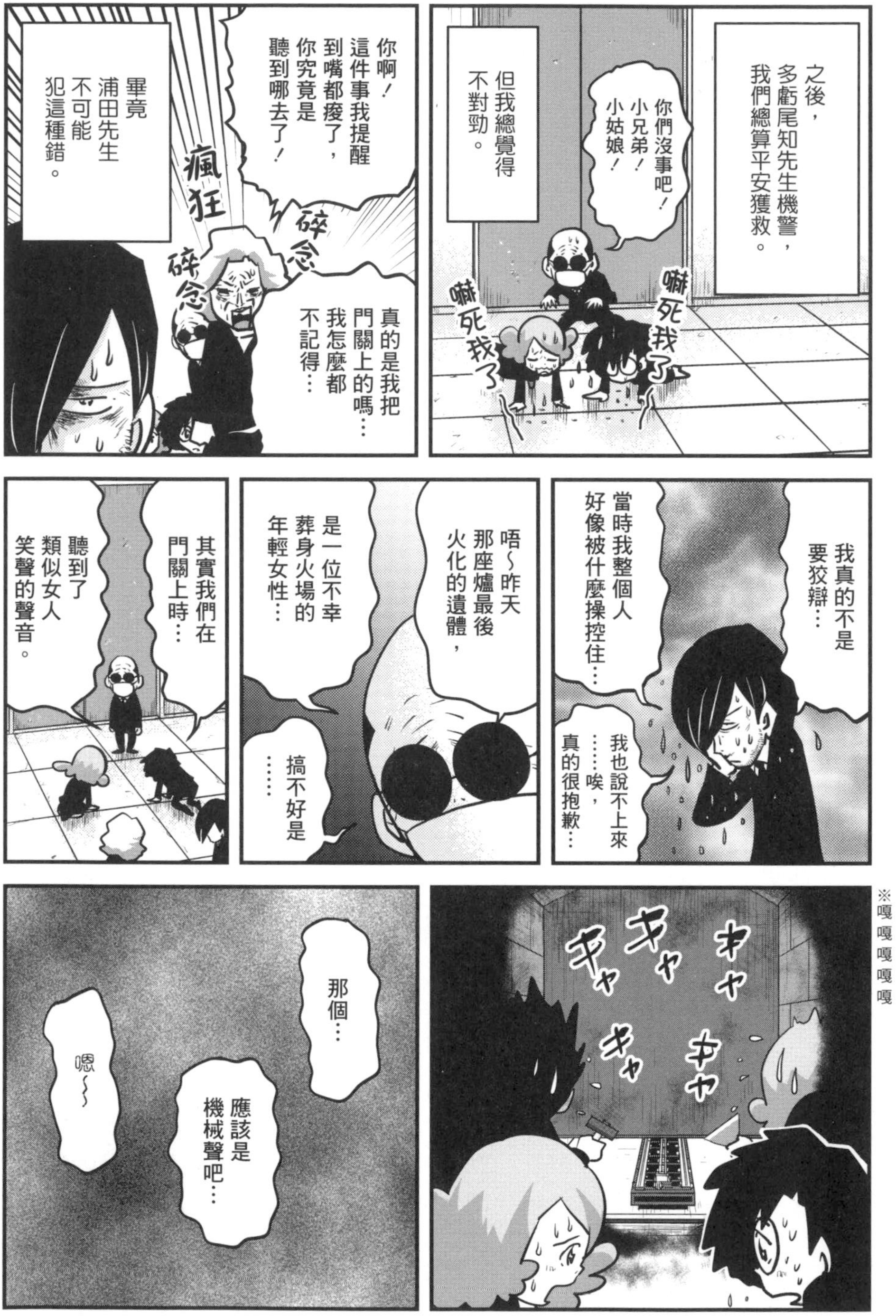
之後，多虧尾知先生機警，我們總算平安獲救。
你們沒事吧！小兄弟！小姑娘！
嚇死我了
嚇死我了
但我總覺得不對勁。
你啊！這件事我提醒到嘴都痠了，你究竟是聽到哪去了！
瘋狂
碎念
碎念
真的是我把門關上的嗎…我怎麼都不記得…
畢竟浦田先生不可能犯這種錯。
我真的不是要狡辯…
當時我整個人好像被什麼操控住…
我也說不上來……唉，真的很抱歉…
唔～昨天那座爐最後火化的遺體，
是一位不幸葬身火場的年輕女性…
搞不好是……
其實我們在門關上時…
聽到了類似女人笑聲的聲音。
※嘎嘎嘎嘎嘎
那個…
嗯～～
應該是機械聲吧…

今天大夥兒趁著火化的空檔進行除草。
※蟬鳴聲
サクッ
サクッ
サクッ
※沙沙作響
大家請小心，別熱到中暑喔——
這小姑娘還真是貼心呢。
頭暈目眩
好熱……
サクッ
※劃破
第4話
斷肢的火化
ギャー
※啊——
前輩！
本篇要跟大家聊聊斷肢的火化。

休息室
ミーン
ジーワ
ジーワ
※蟬鳴聲
你還好嗎？前輩。
嗯，似乎不太好。
小兄弟你依然很會小題大作耶⋯
整個人無精打采的⋯那不過是個小擦傷而已嘛
咦？這下可好了，冷氣壞掉了。
按來按去
會不會覺得很熱啊，前輩，你還好嗎？
搧搧
嗯，似乎不太好。
話說回來，小姑娘，妳還真會照顧人呢，日後肯定是個好太太。
啊哈哈
搧搧
快別這麼說
好害羞喔
直冒汗
嗯，希望妳能快點找到好對象。
呢喃
スラー
サァー
※眼神死
※尷尬
呃⋯呃⋯小兄弟⋯
對了，下一個火化行程啊，
略顯狼狽
是由我負責的，要處理
町田葬儀社委託的斷肢火化。

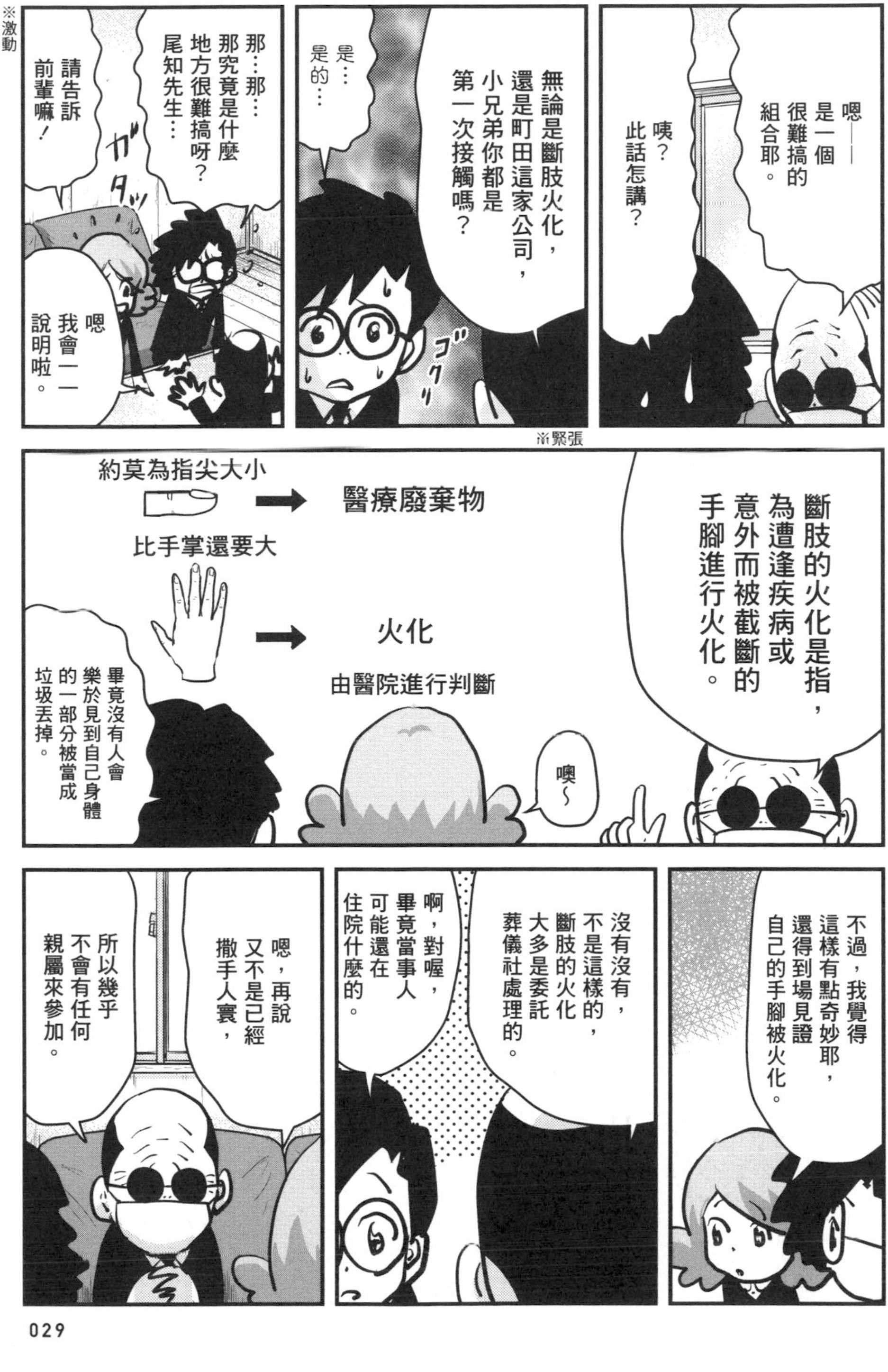

嗯——是一個很難搞的組合耶。
咦？此話怎講？
無論是斷肢火化，還是町田這家公司，小兄弟你都是第一次接觸嗎？
是…是的…
ゴクリ
※緊張
那…那究竟是什麼地方很難搞呀？尾知先生…
ガタッ
請告訴前輩嘛！
※激動
嗯 我會一一說明啦。
斷肢的火化是指，為遭逢疾病或意外而被截斷的手腳進行火化。
約莫為指尖大小
醫療廢棄物
比手掌還要大
火化
由醫院進行判斷
噢～
畢竟沒有人會樂於見到自己身體的一部分被當成垃圾丟掉。
不過，我覺得這樣有點奇妙耶，還得到場見證自己的手腳被火化。
沒有沒有，不是這樣的，斷肢的火化大多是委託葬儀社處理的。
啊，對喔，畢竟當事人可能還在住院什麼的。
嗯，再說又不是已經撒手人寰，
所以幾乎不會有任何親屬來參加。

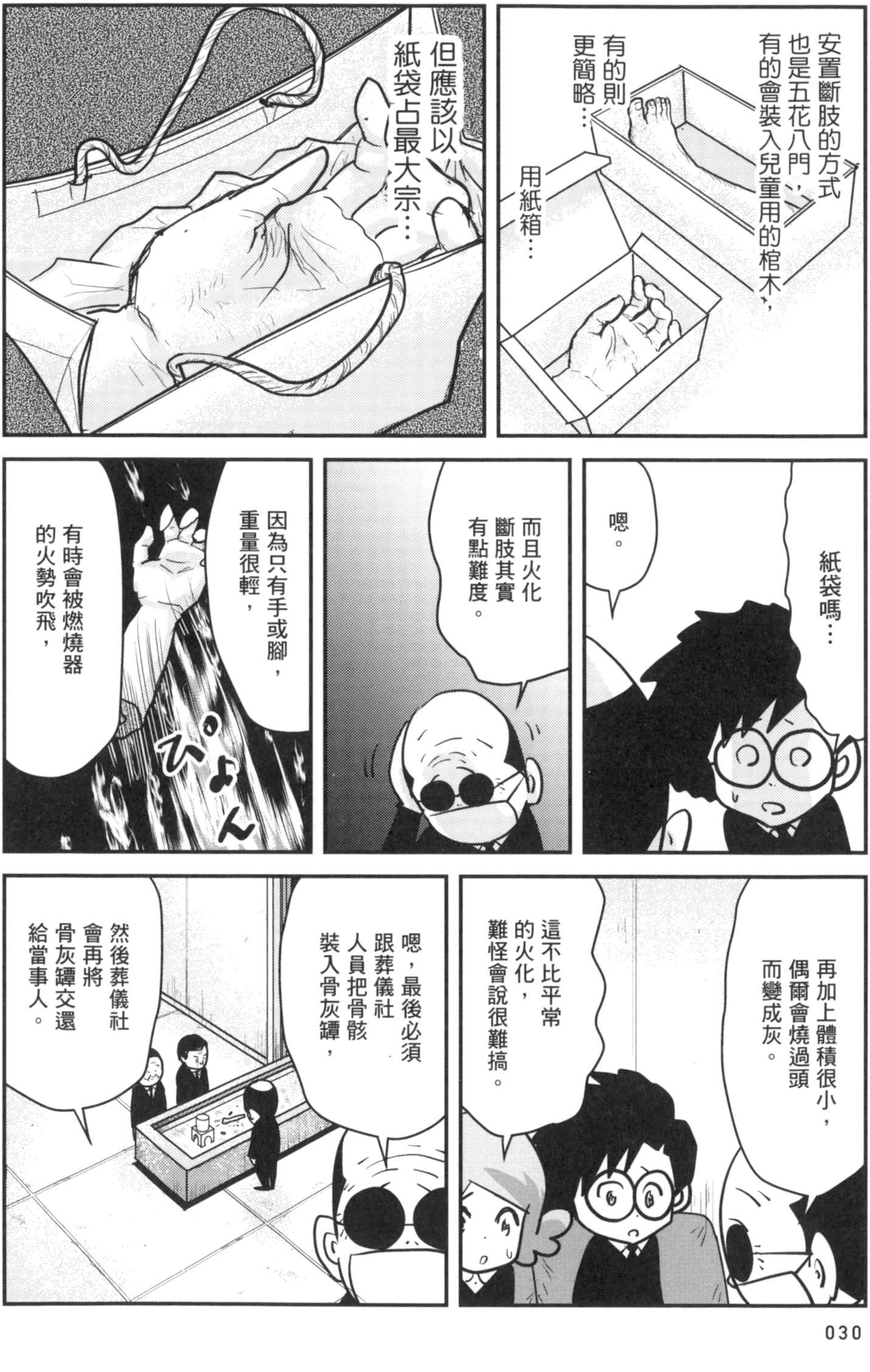
安置斷肢的方式也是五花八門，有的會裝入兒童用的棺木，
有的則更簡略……
用紙箱……
但應該以紙袋占最大宗……
紙袋嗎……
嗯。
而且火化斷肢其實有點難度。
因為只有手或腳，重量很輕，
有時會被燃燒器的火勢吹飛，
ぴょん
再加上體積很小，偶爾會燒過頭而變成灰。
這不比平常的火化，難怪會說很難搞。
嗯，最後必須跟葬儀社人員把骨骸裝入骨灰罈，
然後葬儀社會再將骨灰罈交還給當事人。

※飛走

在這之後，那些骨骸會被如何處理呢？
納入墓地？
在當事人過世後。
合體
會跟其他骨骸一起被埋葬。
原來如此⋯
那⋯剛剛說，
町田葬儀社很難搞，是怎麼個難搞法？
嗯，那是因為，老闆⋯
是一個對喪葬所有環節，包括火葬在內，都無比嚴格的人。
町田葬儀社 社長 町田玉三郎
絕不容許說謊、怠慢、偷工減料等情事，也不能接受任何小過失。如此嚴苛的作風，令他被比擬成地獄的閻魔大王，並擁有地獄玉三郎的封號，令人聞風喪膽。
王
讓我來講一下古。這已經是很久以前的事了
年輕時的我

那天在撿骨時，家屬不知為何突然七嘴八舌地討論了起來。
議論紛紛
一片譁然
嗯？
這是怎麼一回事啊！
我爸根本沒有右腿！
為什麼會出現右腿骨啊！
這不是我岳父的骨骸！
你們搞錯了!!
始※作俑者就是那位傳奇廢柴員工。
堀田女士的先生。
啊。
嗯，那傢伙在前室整理骨骸時，
誤以為右腿骨是因自己的操作失誤而被吹飛，
為了魚目混珠…
※請參閱第一集
他把手臂還有胸部的骨頭湊在一起，排成腿形。
我爸真正的骨骸在哪!?
好死不死，這戶人家是由町田葬儀社負責的…所以立刻穿幫。
你…

那傢伙被町田老闆叫了出去，
簡直就像被蛇盯上的癩蝦蟆那樣，
整個人嚇得動彈不得，全身直冒汗。
シャワ
シャワ
兩小時後等我處理完另一件火化行程，再折回原處，
發現那傢伙依然一動也不敢動，
繼續站在那裡被町田老闆瞪著。
どろ
だらだら
目睹這一幕，就連我都忍不住發抖。
啊哈哈
ぞ〜
ぞ〜
怎、怎麼辦吶，萬一我…搞砸了斷肢的火化，該如何是好…
不會有問題的！前輩不會搞砸的！
嗯…町田老闆在女兒出生後，是有稍微收斂一點…
不過再怎麼說，他終究還是地獄玉三郎…
小兄弟，我會助你一臂之力的。
我也會幫忙的，前輩！
みーん
みん
みん
ジーワ
ジーワ
ジーワ

※蟬鳴聲

※驚—呆—

※蟬鳴聲

※蟬鳴聲

我是町田家的接班人，名叫町田瑠那。
以後還請多多指教。
町田葬儀社第二任社長町田瑠那
想不到地獄玉三郎…
竟然生出了天堂瑠那
デデ
※眼冒愛心
你們處理得很好唷。
是啊，我可是卯足全力呢。
是啊，我也很努力幫忙喔。
心花怒放
心花怒放
休息室
※蟬鳴聲
尾…尾知先生…我總覺得冷颼颼的…是心理作用嗎？
冷眼
…
尷尬
呃，小兄弟…我想應該不是心理作用，
那一定是冷氣修好了吧？
ビュー
※咻
不…只有小兄弟你，似乎比其他人更早一步迎來寒冬。
咦!?為什麼!!

下馱來
解惑!!
火葬場Q&A

問題2

除了漫畫中所描述的情節外，清掃火化爐時是否還有其他特別棘手的情況？

下馱的回覆

大家都知道，火化爐是與火相關的設備，所以大多非常熱。由此可知，爐後（焚燒區）空間的溫度當然也會相當高。有些火葬場在盛夏時，真的是媲美三溫暖狀態。在爐後區時，包含打掃作業在內，我們總是忙進忙出的，因此引發中暑的危險性也隨之大增。實際上，有些火葬場還會張貼「小心中暑！」的標語來提醒員工。

在盛夏之際，光是掃一下爐後區的地板就會滿身大汗。

還有就是，要清掃微小的碎骨也很頭大。由於撿骨往往是由多位家屬共同進行的，有時就是會有一些微小到乍看之下無法察覺的碎骨掉落到地上。若置之不理，當有人走動時便會突然傳出「喀啦……」聲。接著家屬也會發現自己似乎踩到了什麼東西，遇此情況時，在撿骨儀式結束後，下一組喪家進來前，我們會將地板徹底打掃過一遍。如果是運轉率頗高的火葬場，就必須頻頻打掃，一整個忙上加忙。

下駄來
解惑!!
火葬場Q&A

問題 3

內文提到斷肢的火化頗難處理，是否還有其他難度較高的火化狀況？

下駄的回覆

無論是哪一種遺體，都無人敢打包票，做出「絕對沒問題」的安全保證，因此，就這層意義而言，所有的遺體皆不太容易處理，不過若要特別舉例的話，我認為是「嬰兒的火化」。

如果設有小型爐，或許處理起來就沒那麼困難，但這項設備並不太普及。所以一般都是以大人用的火化爐來火化只有巴掌大的小嬰兒……。遇到家屬希望能夠進行撿骨的情況時，我們一定會明確告知「我們不敢保證一定會有骨骸留下來，不過必定全力以赴。」會這麼說，是因為有時無論多用心想將骨骸保留下來，但到最後還是一點都不剩。光是火化爐的火力就有可能導致嬰兒遺體在爐內滾動，因此我們會極力轉成小火來因應。跟大人的軀體比起來，大家或許會認為小嬰兒的火化應該短短幾分鐘就能完成，但實際上要花費不少時間。

一旦踏入火葬場腹地，便代表進入了
ジーワ ジ〜ワ ジ〜ワ
由火葬場特殊規定所形成的世界。
在諸多事項當中，
本篇要跟大家聊聊在我所任職的火葬場，有一條進入場內後，絕對不能打開棺蓋的規定。
身為火葬場員工其實也不願如此不近人情，但萬一讓家屬在火化爐前與親人做最後告別，卻因激動不捨而遲遲不肯進行火化，
第5話
切忌打開棺蓋
媽！
我還是覺得不妥，不要燒掉她！
拜託！
先等一下再火化！
巴住
いやぁあ〜
ああ〜
預定班表就會被打亂，無法順利銜接至下一個火化行程。
※蟬鳴聲
※啊——

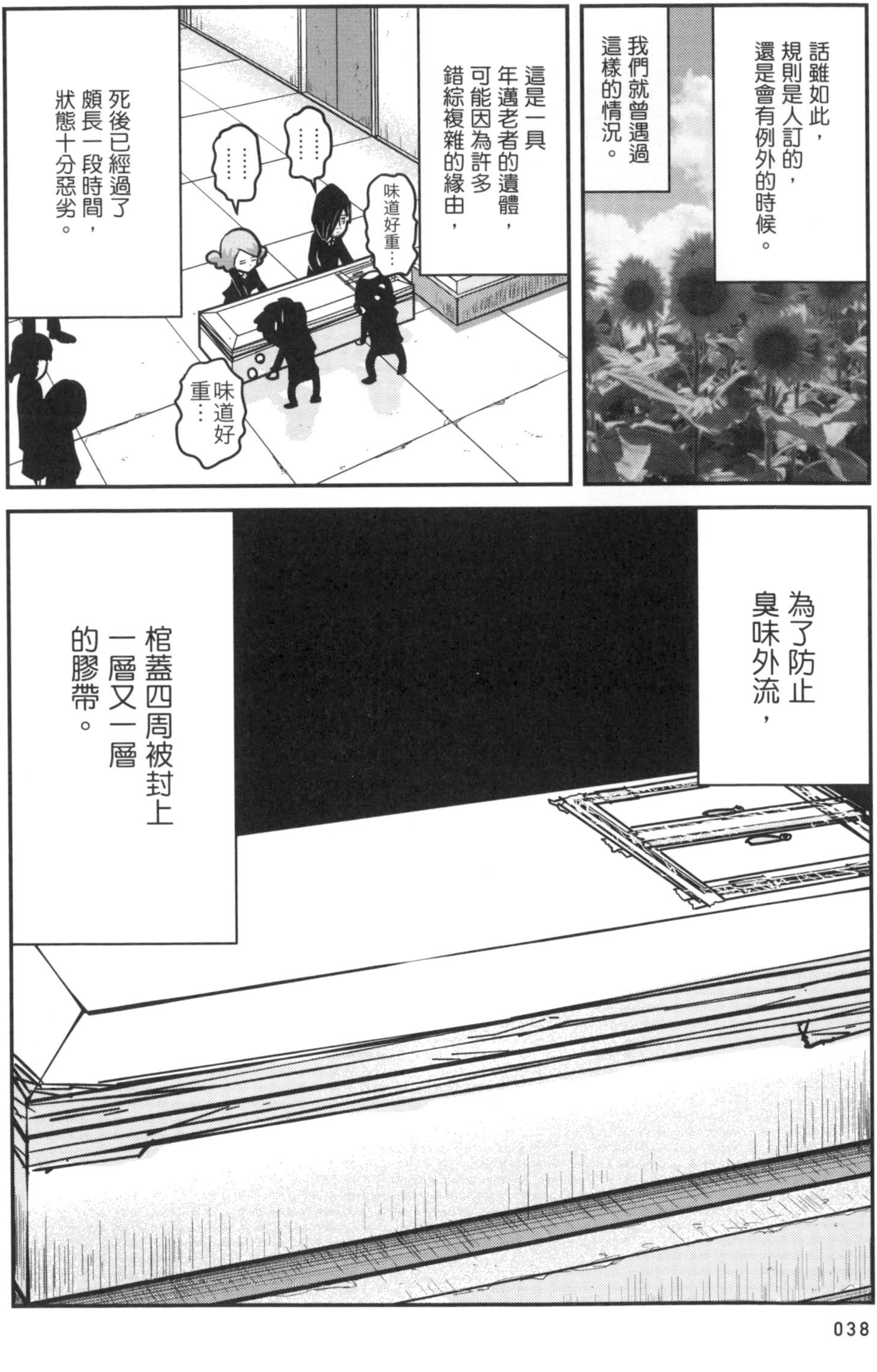
話雖如此，規則是人訂的，還是會有例外的時候。
我們就曾遇過這樣的情況。
這是一具年邁老者的遺體，可能因為許多錯綜複雜的緣由，
味道好重…
……
……
味道好重…
死後已經過了頗長一段時間，狀態十分惡劣。
為了防止臭味外流，
棺蓋四周被封上一層又一層的膠帶。

儘管如此
還是…很臭…
很不好…
狀態很不好…
接下來要將靈柩送入火化爐。
就在此時。
！
稍等一下…
拜託妳了！就這麼一朵花！還請通融，最後只要讓我們放這朵花就好！
不好意思，我們沒辦法在火葬場打開棺木。
顫巍巍
※蟬鳴聲

我們只是想放這朵花，
只要開個縫隙就好…
嗯…
對不起…這裡不准開棺…
町田葬儀社社長
而且四周都被封起來了。
町田瑠那
嘿，你們兩個！究竟是跑哪去了啊！到處找不到人。
你們聽我說！
阿公從遊覽車窗看到這些花，就嚷著要摘一朵給阿嬤，勸都勸不聽！所以我們才特別跑去摘的。
嗯，我啊……無論如何就是想把它送給阿嬤。
這朵虞美人。
我非常明白您的心意…
不過火葬場有火葬場的規定。

瑠那小姐很為難…
瑠那小姐很為難…
葬儀社小姐，阿公都這樣懇求妳了，難道不能想辦法通融一下嗎？
拜託妳了。
拜託妳了。
虞美人…
很抱歉，我們是葬儀社，這裡是火葬場，還是得遵守火葬場的規定…
虞美人…春之花。我的生日在5月，因為收入不多，根本也沒閒錢可以過生日…但阿嬤每年都固定會從各種地方摘來虞美人，為我慶生。
我總覺得虞美人這種花，跟你這個人很像。
外表樸素又令人感到溫暖，所以我很喜歡虞美人。
ポッ
是這樣嗎？
虞美人是活不過夏季的，但我無意間從遊覽車車窗看到它還盛開著，
這朵花就像我的替身…可以請你們讓它陪伴著阿嬤一起燒掉嗎……？
虞美人的花語…「離別的悲傷」。
原來是這樣啊…

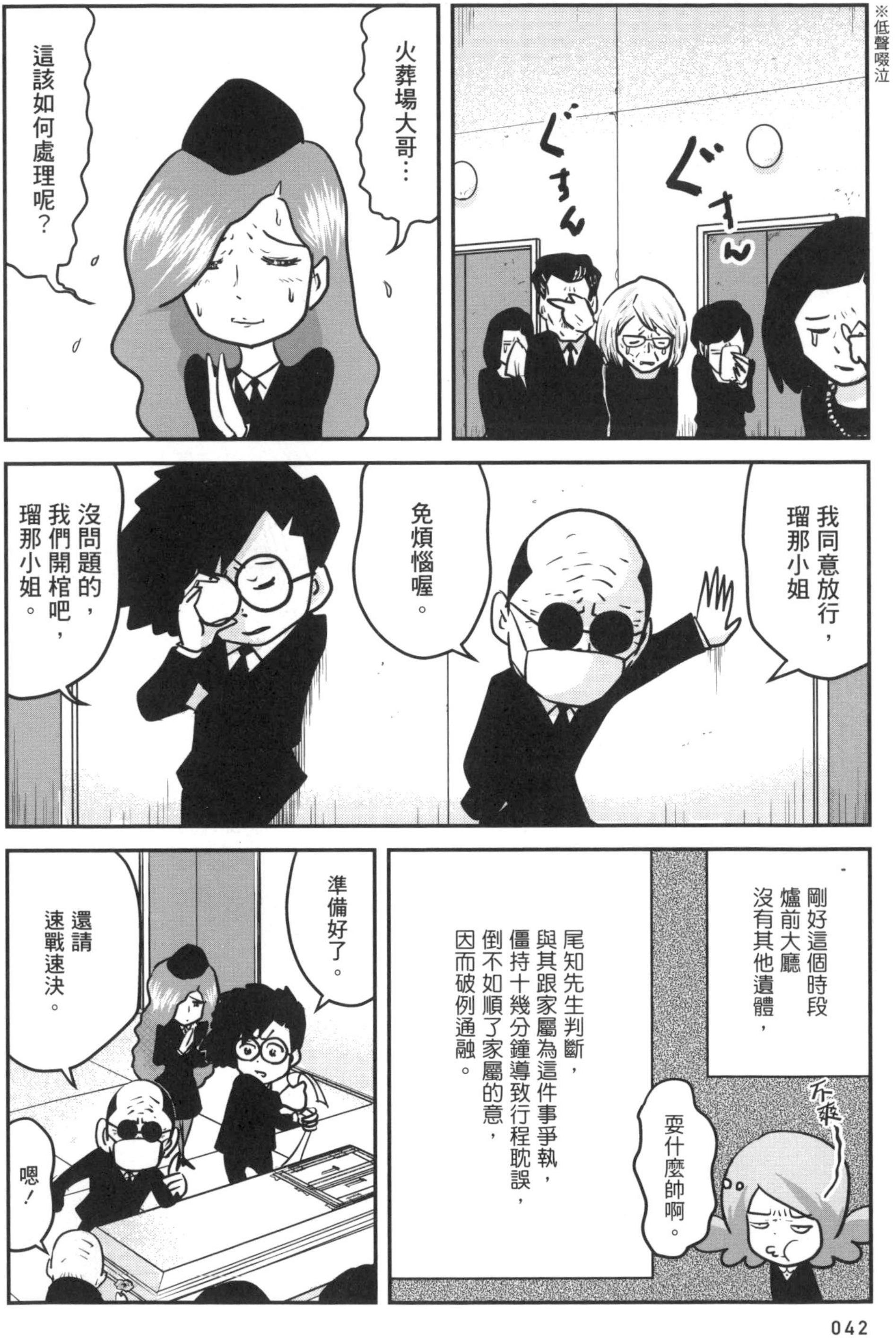
※低聲啜泣
ぐすん
ぐすん
火葬場大哥…
這該如何處理呢？
我同意放行，瑠那小姐
免煩惱喔。
沒問題的，我們開棺吧，瑠那小姐。
剛好這個時段爐前大廳沒有其他遺體，
尾知先生判斷，與其跟家屬為這件事爭執，僵持十幾分鐘導致行程耽誤，倒不如順了家屬的意，因而破例通融。
耍什麼帥啊。
準備好了。
還請速戰速決。
嗯！

※砰——

※啪噠

※飄散

嗯～
……
……
……
……
呃？
啊，這樣就可以了……
不好意思。
不好意思。
嘔嘔嘔
這件事告訴我們，果然還是要乖乖遵守火葬場的規定。
恭送靈柩進入火化爐。
嗶——
誰叫前輩跟尾知先生要逞英雄。
非常抱歉。
是的，非常抱歉。
吹——
附帶一提，後來我們搬來了大型風扇來消除瀰漫在大廳的臭味。

這件火化行程，打一開始就令我感到有些古怪。
全程只有一名女性到場送行，而且此人不知為何一頭亂髮，兩眼無神。
不光是這樣而已，
怎麼會？
前室
怎麼回事…
火化後的骨骸中竟出現了不該存在的東西…
我們赫然發現一把剪刀，像要刺穿胸膛般
第6話
跟著骨骸現形的神祕剪刀
這……這是什麼情形？
ぞ
不偏不倚地插在死者胸膛裡。

※拉開

該…該怎麼辦吶…桃子…
我好害怕…
ガチャ
前輩！你鎮定！我去找其他人來！
哦…這個啊，
是鉗子啦。
鉗子？
止血鉗。
醫療用剪刀，用來夾住臟器的器械。
這具遺體應該是進行過相驗吧。
偶爾會發生這種情況，相驗時所使用的止血鉗，被忘了拿出來。
當然，這是不應該發生的疏失。
是喔
還有這種事呀
既然遇到了，不如再跟你們說一點有關相驗的事吧。
好的！麻煩妳。

首先，你們可知哪種類型的遺體，需要進行相驗？
死於非命的人？
跟刑事案件有關的人？
都不是。
未經過醫生進行死亡診斷的人，全都要相驗。
孤獨死
意外身亡
自殺
暴斃
災害罹難
命喪家中
哦!?
原來是這樣喔!?
是啊，
因為這些死者的死因未明，因此無法開立死亡證明書。

沒有死亡證明書就不能火化。
經過相驗，釐清死因後，就會開立死亡證明書。
這麼說來，任何人都有可能遇到這樣的情況呢。
要是…萬一我…
在老家庭院
除草時
因為中暑
ミーン
※蟬鳴聲
突然一命嗚呼哀哉
ミーン
※蟬鳴聲
前輩！別說這種傷感的話！我會哭啦！
啊，妳先等一下嘛。

萬一我突然死了，
我媽和阿嬤…
媽媽
阿嬤
肯定不願意讓法醫替我驗屍。
我不願意，我無法忍受華緒被刀割得遍體鱗傷。
警察先生，我們對這孩子付出這麼多的愛把他養大，難道你認為我們很可疑嗎……？
無論家屬如何反對也沒用。
這畢竟是法律規定的事，只能照辦。
而且啊，我認識的刑警以前曾這樣說過。

一般來說，殺人事件的兇手，
會將犯行偽裝成意外事故或生病。
是喔…
原來如此。
不只如此，還有數據指出，
殺人事件有三成是親屬行兇。
呃…你們兩個先暫停一下…這根本不是…
咦？
咦？
ダラダラ
這也太悲慘了…有緣成為一家人卻這樣…
嗯…對喔，記得妳說自己孤家寡人…
止血鉗是用來抓夾或壓住臟器的器械…
所以應該沒有刀刃。

※瘋狂冒汗

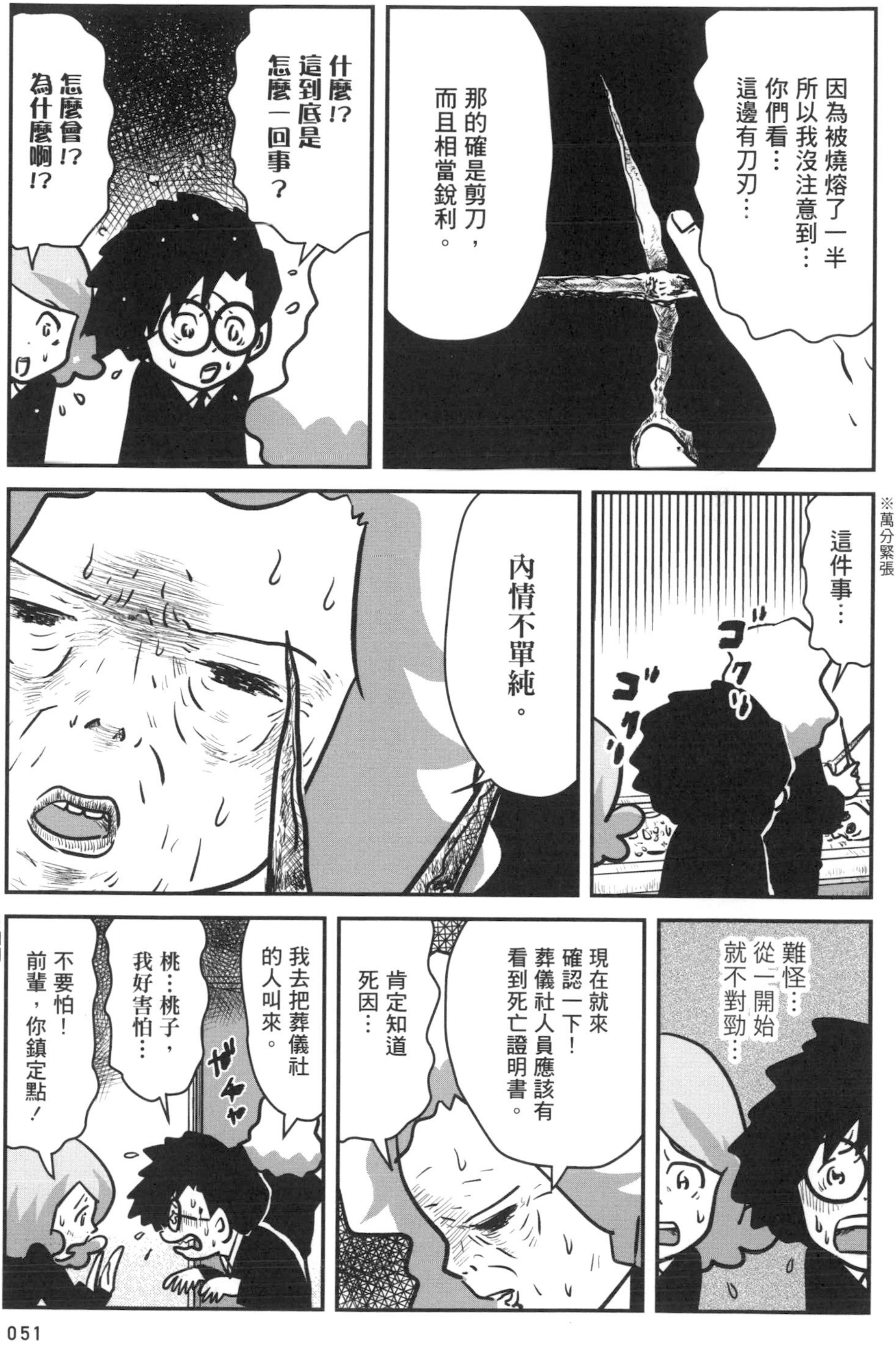
因為被燒熔了一半
所以我沒注意到…
你們看…
這邊有刀刃…
那的確是剪刀，而且相當銳利。
什麼!? 這到底是怎麼一回事？
怎麼會!? 為什麼啊!?
這件事…
ゴクゴク
※萬分緊張
內情不單純。
難怪…從一開始就不對勁…
現在就來確認一下！葬儀社人員應該有看到死亡證明書。
肯定知道死因…
我去把葬儀社的人叫來。
ガチャ
※開門
桃…桃子，我好害怕…
不要怕！前輩，你鎮定點！

※不悅
內情不單純？哪裡不單純。死者可是有家人陪伴，在醫院往生的。
むぅ
町田葬儀社 會長 町田玉三郎
爸爸…
社長 町田瑠那
可…可是…
骨骸中有…
…剪刀啊
※發抖發抖發抖
往生者是一名美髮師，他的太太趁我們不注意時，偷偷將丈夫生前愛用的剪刀，當成陪葬品放進棺木裡。
他們夫妻倆相依為命，應該非常恩愛吧。
切勿胡亂猜測想像！
喝
我們也是剛剛才聽太太說的。
ビク
太太哭著對我們說，她的頭髮一向交由先生打理，但目前她還不想讓別人來剪，
才會放任頭髮亂長，顯得邋裡邋遢，還望我們見諒…
幸好是烏龍一場…故人並非遇害身亡…
是啊…接下來要撿骨…
讓我們誠心誠意地來完成這件事。
驚魂未定
驚魂未定
驚魂未定

登場人物
介紹
其1

【町田瑠那】

生年月日……不詳

町田玉三郎之女，
町田葬儀社第二任社長。
個性溫柔又美艷動人，
將異性迷得神魂顛倒，
下駄與尾知先生也難以招架其魅力。
更厲害的是，
人稱地獄玉三郎的町田大老闆，
也在瑠那出生後變得比較溫和。

【町田玉三郎】

生年月日……不詳

與下駄任職的火葬場有業務往來的
町田葬儀社會長。
絕不容許說謊、怠慢、偷工減料等情
事，因行事作風嚴苛，
故被比擬為閻魔大王，
並擁有地獄玉三郎的封號。
一發怒便不可收拾，
就連資深員工尾知先生也都忌憚三分。

下駄來
解惑!!
火葬場Q&A

問題 1

除了剪刀以外，是否還有其他隨著火化後的骨骸現形，令你們感到驚訝的物品？

下駄的回覆

我曾經因「骨頭」而大吃一驚，不過這個小插曲並非家屬所為，單純只是葬儀社的疏失。當我向家屬告知「現在將進行撿骨」時，卻一眼瞥見這副骨骸沒有腳趾骨，左右腳掌骨加起來竟多達40～60根。我心想「這是怎麼搞的!?」但身為火化技師若當場表現得驚慌失措，自然也會令家屬感到不安，因此我不動聲色地走向離我很近的葬儀社人員，悄聲詢問「你們放了什麼東西在棺木內？」對方這才想到「啊……！實在很抱歉!!」
原來這些是炸雞的骨頭。由於故人愛吃炸雞，因此放入棺內陪葬，大家都知道炸雞有骨頭，所以自然會在火化後留了下來。而且，這些雞骨頭跟人的腳掌骨非常相似，更加令人難以辨識。既已明白箇中原委，我便立即回到家屬身邊，沒想到炸雞骨已被放入骨灰罈裡……聽完我的說明後，家屬都笑了出來，撿骨儀式最後在愉快的氣氛中完成，令我鬆了一口氣。從事這份工作，具備這樣的「洞察力」是相當重要的。

※鈴蟲鳴叫聲

※螽斯鳴叫聲

※滴答

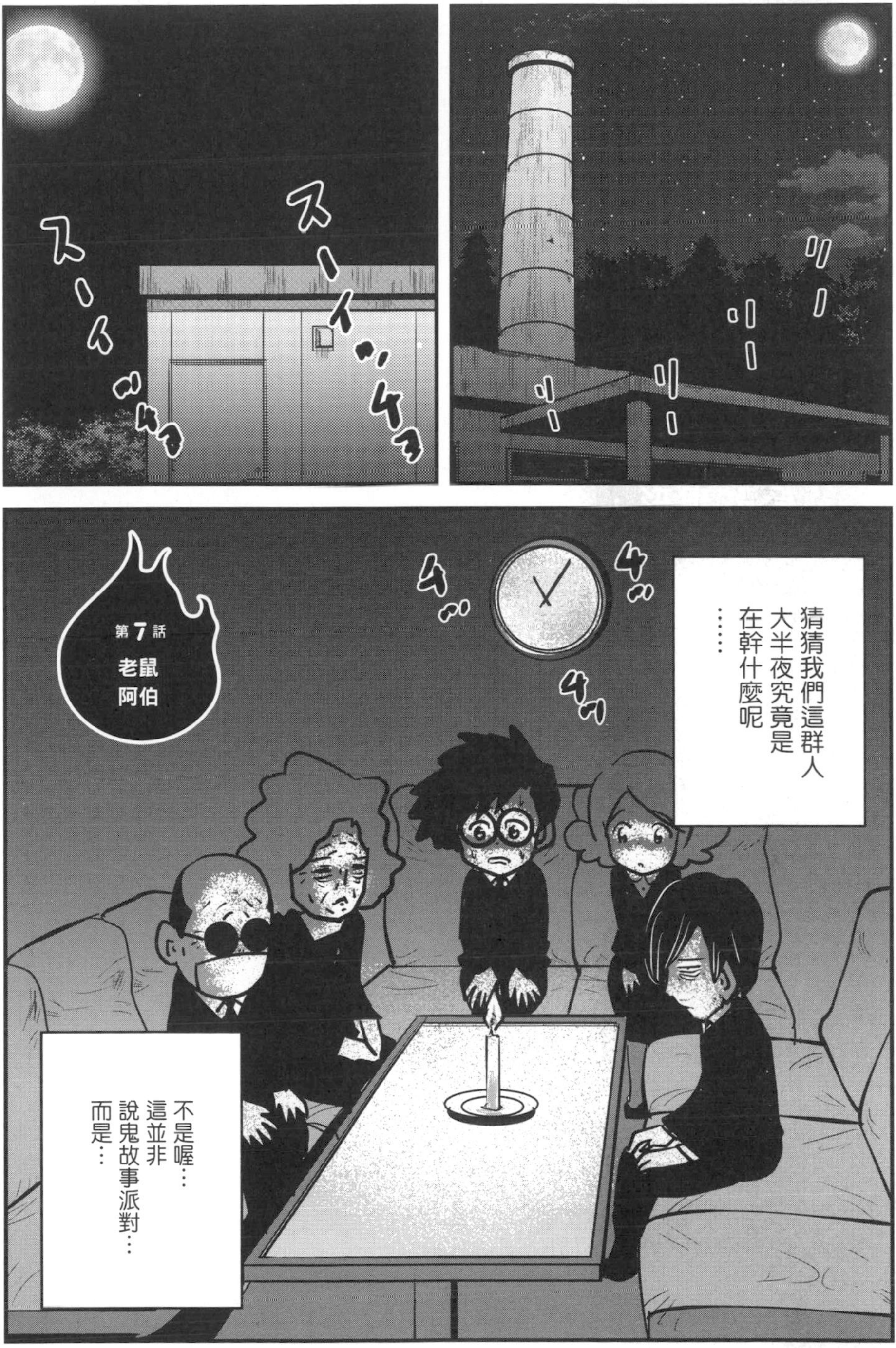

リーリー
リーリー
スーイッチョ
スーイッチョ
第7話
老鼠阿伯
猜猜我們這群人大半夜究竟是在幹什麼呢……
チッ
チッ
チッ
不是喔…這並非說鬼故事派對…而是…

今天早上，浦田先生表示，
みーんみんみん
※蟬鳴聲
各位，大事不好了，我昨天晚上負責鎖門，在場內巡邏時，在休息室看到老鼠。
感覺實在很不好……
這還真不妙耶。有這種不祥之物出現在火葬場…傳出去也不好聽…
……就是啊。
沒錯…
為此，大家才在下班後留下來，
一起來滅鼠。
欸，阿茂…
怎麼啦？小菅。
※鈴蟲鳴叫聲
你還記得嗎？那位老鼠阿伯。
喔，根津先生啊…
還真令人懷念。
他是誰？老鼠阿伯…是何方神聖呀？
嗯。

當年我們才剛進這座火葬場工作沒多久……
那時我們有一位名叫根津的
超資深前輩。
有一天，聽到他說，
ガチャ
※開門
慘了啦！
焚燒區有老鼠!!
什麼!?
糟了!!
當時也是全體員工總動員來滅鼠。
根津先生，根本沒有老鼠耶。
怎麼可能……

絕對有老鼠！
在這之後，大概每個月一次，
老鼠出現了！
根津先生都會上演這一齣。
※開門
這件事漸漸在業界傳了開來，
甚至連其他地區的火葬場都聽過老鼠阿伯的名號。
我們當然很信賴也很敬重根津先生……
但每個月固定出現一次的老鼠騷動，著實令我們感到困擾。
就這樣大概過了一年後的某一天。
尾知，
資料室
尾知……
我想…我大概搞懂那個人的定律了……
老鼠定律…
妳說什麼！
居然還有定律！

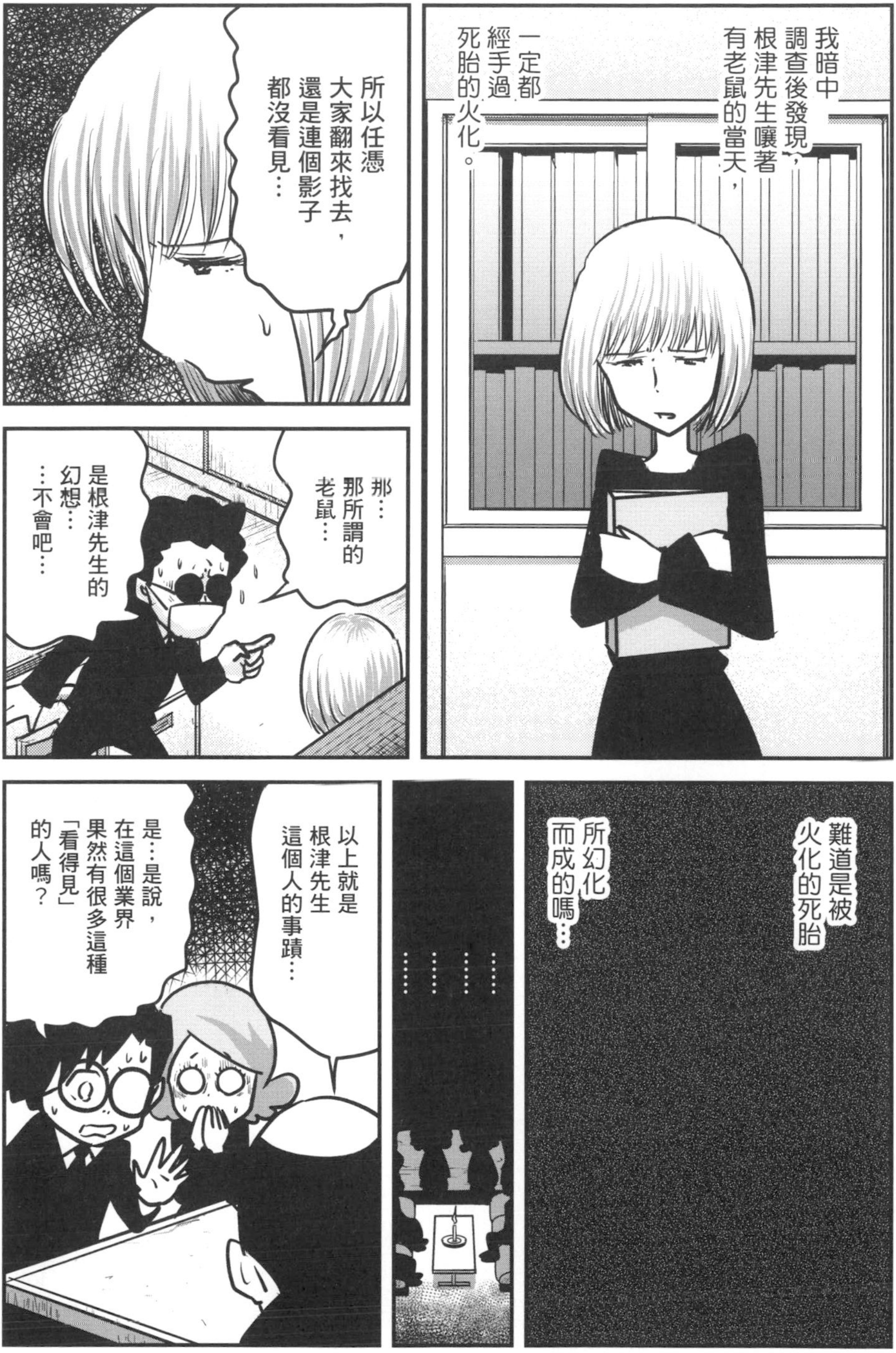
我暗中調查後發現，根津先生嚷著有老鼠的當天，
一定都經手過死胎的火化。
所以任憑大家翻來找去，還是連個影子都沒看見…
那…那所謂的老鼠…
是根津先生的幻想…不會吧…
難道是被火化的死胎
所幻化而成的嗎…
…………
以上就是根津先生這個人的事蹟…
是…是說，在這個業界果然有很多這種「看得見」的人嗎？

嗯…是啊。
的確是有這樣的人。
哦，就在那裡耶。
你看一下嘛，尾知。
當年的前輩M大姊
很、很恐怖耶，快別嚇我呀。
M大姊經常說出諸如此類的話，
看到我害怕的反應顯得樂不可支。
啊哈哈
感覺就是逗著我玩，所以M大姊看得見阿飄的這件事、
我以為是半開玩笑的成分居多…
然而，某次在撿骨時，
M大姊站在大廳的另一頭，隔著一段距離，
直直盯著我們的方向看。
接下來將開始進行撿骨。
當時我在這裡工作已邁入第二年，
究竟怎麼了？
照理說應該不需要有人監督才對，因而令我感到納悶不已。

M大姊不知何時來到家屬身後，
著實令我嚇了好大一跳。
她直勾勾地盯著我，
露出凶神惡煞的表情。
為什麼!!
後來聽她說才知道，有一個既不屬於故人，亦不屬於家屬，而且跟這座火葬場毫無關聯的不明之物，在撿骨過程中不斷啃咬著我的腦袋。
這塊是脛骨…就是小腿骨。
位於小腿骨上方的則是大腿骨。
聽到這件事後，真心覺得幸好自己是看不見的那種人。
的…的確，
要是看得到的話，根本沒辦法工作呀…
但是，最可怕的是…
在那之後…我的頭就開始禿了…
哪有這種事啊？
是巧合啦，巧合。
※啊哈哈哈哈
※嘻

※鈴蟲鳴叫聲
結果沒找到老鼠耶。
明天再跟業者聯絡吧。
リーリー
倒…倒也沒這個必要…
嗯？浦田你怎麼了，臉色很蒼白耶。
對不起…我看大家好像都沒反應，
所以始終無法說出口…
※啪噠
其實我…在休息室時，一直聽到…
某種東西在天花板內跑來跑去的聲音。
ドタ ドタ ドタ ドタ ドタ ドタ ドタ
我們完全…沒聽到這種聲音…
沒錯。
我在幾天前為死胎進行火化過…
サァ
※背脊發涼～
※冷汗直流
他…看…得…見…
ダラ タラ ダラ ダラ
※鈴蟲鳴叫聲
リーリー

在火葬場工作，
※雷鳴
ゴロゴロ
經常會遇到許多讓人嚇破膽的事。
例如事件、事故、靈異現象。
※雨滴聲
ポ
ポッ
ポッ
其中最令我感到恐懼的，莫過於家屬間的衝突。
※嘩——
啊——煩耶，突然下大雨。
有夠倒楣的，全身溼答答。
ザー
第8話
爭奪骨骸的家族內鬨
你可不可以對遺照放尊重點？

其實火葬場員工時時刻刻都將家屬的一舉一動看在眼裡，
以便在家屬起衝突時迅速介入調停，
這是相當重要的一環。
這個家族似乎分裂成兩派人馬。
態度冷淡只想交差了事的喪主男性小團體
哭哭啼啼悲傷難過的高齡女性小團體
雙方產生齟齬的原因不知是跟金錢還是結怨有關，
傷腦筋的是，這兩派人馬似乎激烈對立，水火不容。

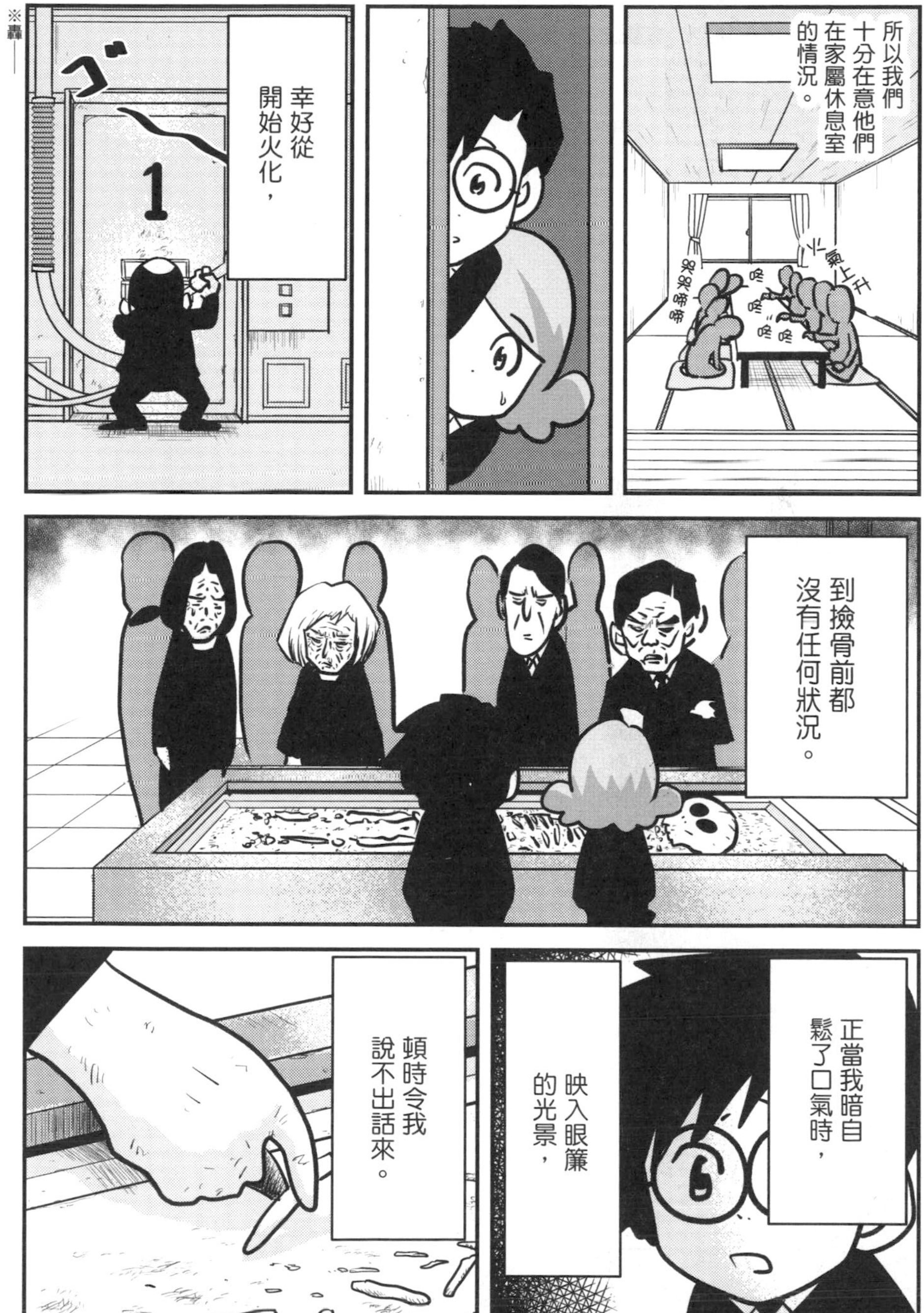
所以我們十分在意他們在家屬休息室的情況。
火氣上升
咚咚咚咚
哭哭啼啼
幸好從開始火化，
ゴ
※轟
到撿骨前都沒有任何狀況。
正當我暗自鬆了口氣時，
映入眼簾的光景，
頓時令我說不出話來。

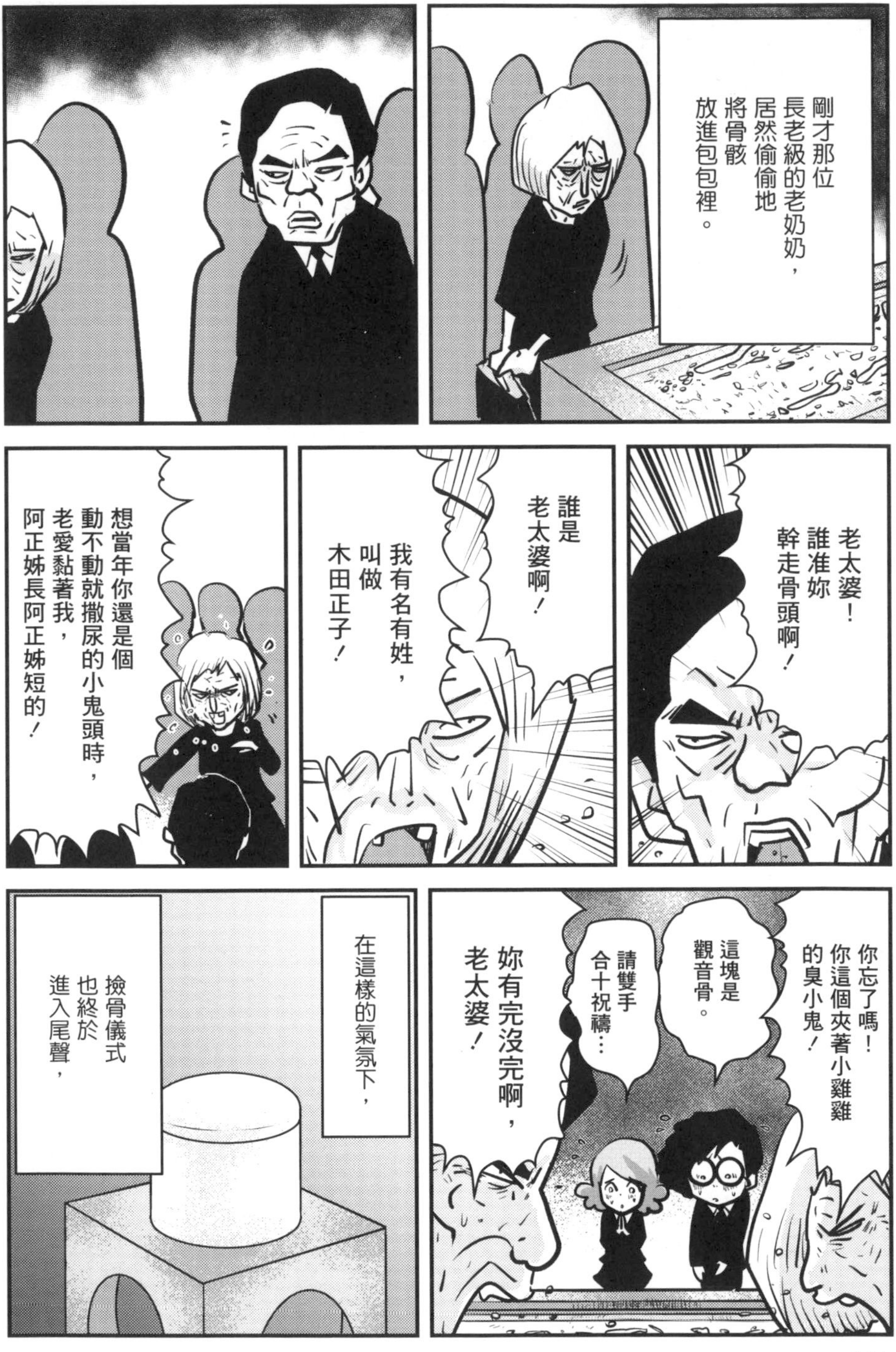

剛才那位長老級的老奶奶，居然偷偷地將骨骸放進包包裡。
老太婆！誰准妳幹走骨頭啊！
誰是老太婆啊！
我有名有姓，叫做木田正子！
想當年你還是個動不動就撒尿的小鬼頭時，老愛黏著我，阿正姊長阿正姊短的！
你忘了嗎！你這個夾著小雞雞的臭小鬼！
這塊是觀音骨。
請雙手合十祝禱…
妳有完沒完啊，老太婆！
在這樣的氣氛下，
撿骨儀式也終於進入尾聲，

請喪主接過骨灰罈。
嗯。
就在此時，
長老級的那位老婆婆情緒激動地衝向擔任喪主的男性。
還我！我還是不願意把骨灰交給你！
別鬧了！
還我！
還我！
妳這人是怎樣啦！
把骨灰還我！
就叫妳別鬧了！

※唔唔唔唔唔

※咚
ドン
ドタッ
砰隆
※啪噠
您、您沒事吧！
起身
還我…
把骨灰還我…
還我…
搖搖晃晃

還我…
還我…
!!
揮舞
充子姊！
妳別這樣！
充子姊，妳不要這樣！
別討了…
別再討了…
還我…
還我…
把骨灰還我…
ザッ
充子姊別這樣…
但此時在我們的腦袋裡卻亂成一團。

※嘩——

這是因為，「充子」其實是，
已化作骨灰的死者本人的名字。
我們猜，搞不好是因為已往生的充子女士，
與擔任喪主的男性失和，才會附到老婆婆身上，試圖奪回自己的骨灰。
而且，出面打圓場的女性，
可能有察覺到這一點…
前輩，這件事好發人深省喔。
為什麼人跟人之間會那樣劍拔弩張，爭個你死我活呢…
……我也不曉得……
不過，正因為這樣，感情融洽才會顯得很美好…
是啊！前輩！我們一定要好好相處喔，對吧？對吧？
嗯。
哦
雨停了耶

本篇要跟大家
聊聊有關
鳥〇一郎先生、
加〇雄三先生、
館〇先生
等人的遺骨。

86
〇〇年〇月〇日
自稱 鳥羽一郎
咦？
這三位不是
都還健在嗎？
其實，
這裡所說的是，
姓名與身分皆不詳者的骨骸。

任憑警方與
行政機關如何調查，
都無從查明身分的遺體，
有時會以死者
生前自稱的名號進行火化。
第9話
無親無故者的
骨骸歸處

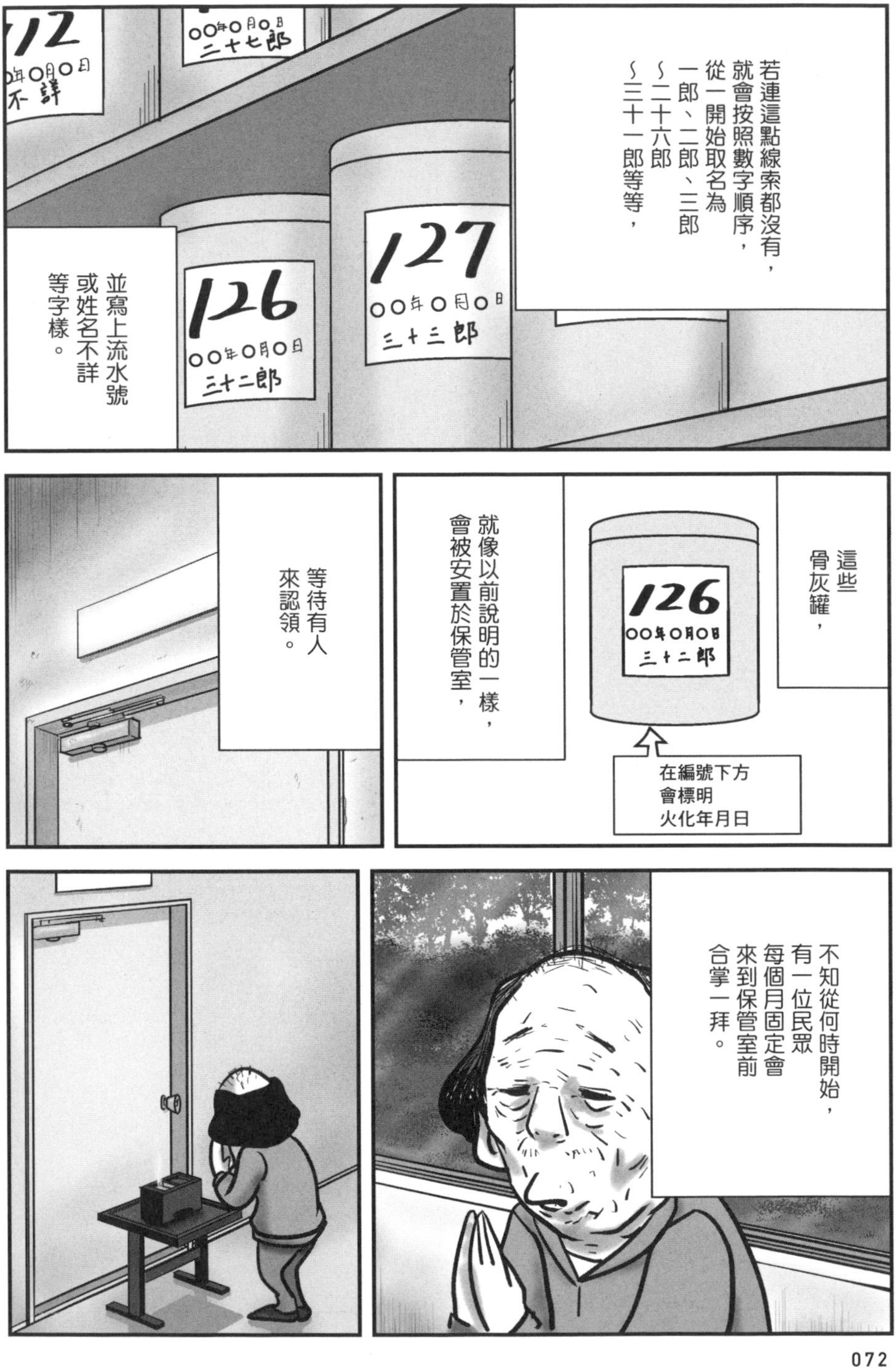
若連這點線索都沒有，就會按照數字順序，從一開始取名為一郎、二郎、三郎～二十六郎～三十一郎等等，
127
○○年○月○日
三十三郎
126
○○年○月○日
三十二郎
並寫上流水號或姓名不詳等字樣。
這些骨灰罐，
126
○○年○月○日
三十二郎
在編號下方會標明火化年月日
就像以前說明的一樣，會被安置於保管室，
等待有人來認領。
不知從何時開始，有一位民眾每個月固定會來到保管室前合掌一拜。

那位先生又出現了呢…
是啊。
※嘩——
嗯…
果然…
淋成落湯雞了…
一直以來辛苦您了，
請用這條毛巾。
是您的好朋友過世嗎？
謝謝你。
是啊，他是我從以前就很要好的朋友…
我們兩個經常一起喝酒，
但彼此都不愛說話，就只是並肩坐著，安安靜靜地喝著酒而已。
但我卻莫名覺得很開心，他真的是個相當獨特的男人…
※鈴蟲鳴叫聲
※蟋蟀鳴叫聲

你們的關係很好呢。
是啊。
看到您如此記掛他，總覺得有點過意不去…
您想進去看看嗎？
那位朋友怎麼稱呼呢？
啊？
我其實…
不知道他的名字…
啊…
不好意思……
我是一個連他的名字都不曉得的外人。
根本也不知道哪個才是他的骨灰罐…
應該是身分不明，以編號稱之的骨灰吧。
是啊…

不過那個人也只有我一個朋友…
我怕他一個人覺得孤單寂寞，才會常常來祭拜。
我每次都跟他說，
我也很快就會去那裡跟他相聚。
我會再來的。
下馱，有朋友還真不錯呢…
是啊…
我沒自信會有朋友願意為我做到這種程度…
我也是那種朋友很少的人…
怎麼會呢，萬一浦田先生你有個三長兩短，我一定每天都去祭拜！
你們兩位快別亂說這種話！浦田先生又不是身分不明的人！

那位先生持續前來祭拜亡友好一陣子，
但突然就不再出現了。
前輩，那位先生最近都沒來耶。
嗯，不知道是怎麼了。
下駄…
那位先生…
是的…
來了，
就在幾天前…

哦!!
真的嗎!
太好了!
可是…來的是…
他的遺體…
那位先生也是身分與姓名不詳…
二十六郎様

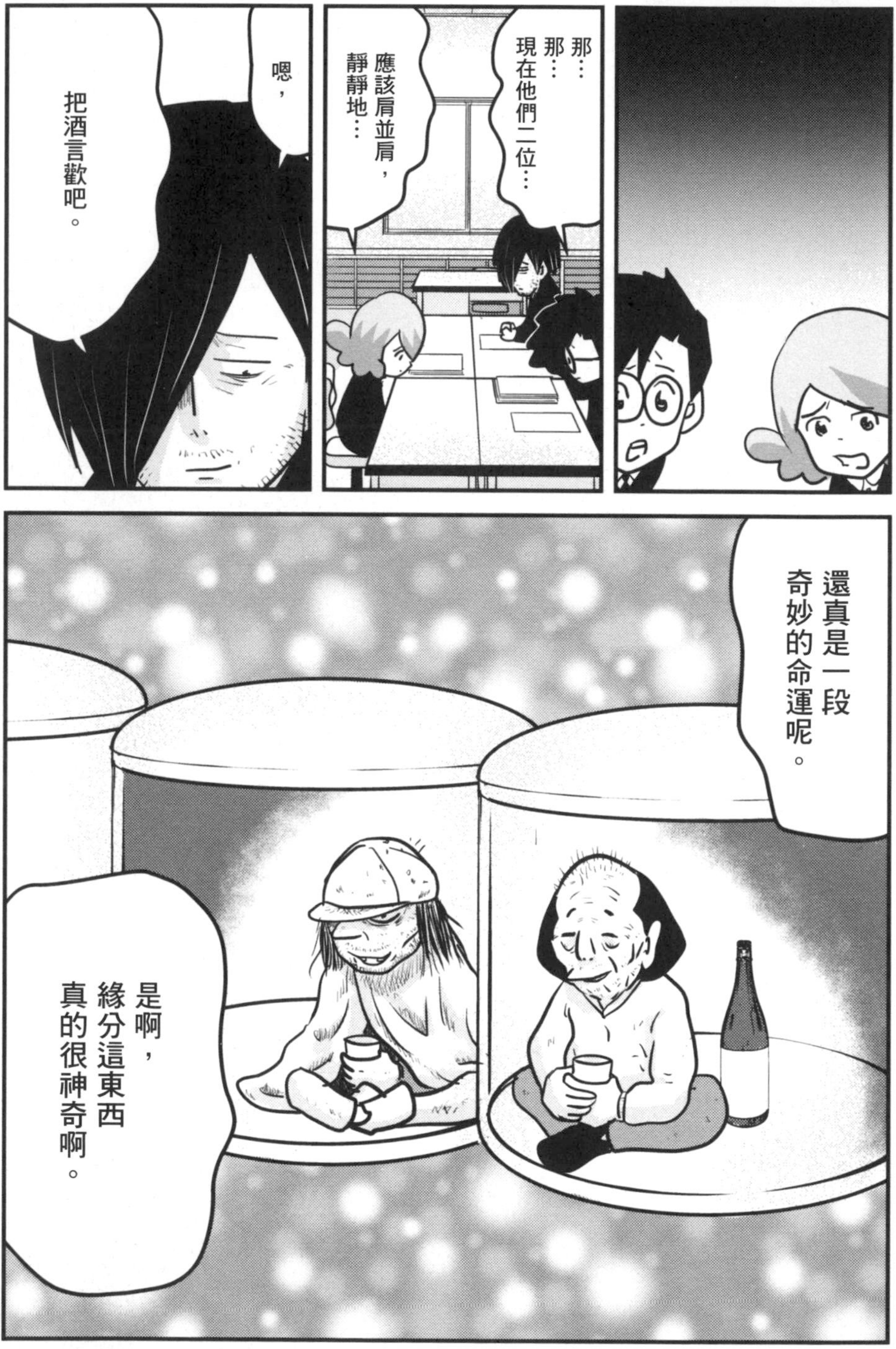
那…那…現在他們二位…
應該肩並肩，靜靜地…
嗯，
把酒言歡吧。
還真是一段奇妙的命運呢。
是啊，緣分這東西真的很神奇啊。

下駄來
解惑!!
火葬場Q&A

問題 5

家屬們在火葬場
最常因何事而起衝突？

下駄的回覆

其實我們很少親眼目睹家屬之間的衝突。因為大家都非常冷靜。但這個冷靜或許伴隨著「在他人面前」這個附帶條件。

誠然，也有極少數的家屬彼此針鋒相對到令人一眼就看得出來的程度。我們不會去詢問原因，但多半都是原本就感情不睦，或是金錢方面的糾紛使然。

……不過，承前所述，很多時候只是「在他人面前佯裝冷靜」的這個附帶條件所營造出來的假象。

有一天，從火葬場的休息室傳來一陣已快演變成叫罵的爭執怒吼聲，我心想「莫非是剛剛那群家屬？」由於爭吵聲過於激烈，我便立即前往休息室，說也奇怪，方才的喧譁狀態彷彿變魔術般倏地消失，所有人頓時「鴉雀無聲」。所以我們火化技師所見到的家屬間的衝突，或許只是冰山一角也說不定。

下駄來
解惑!!
火葬場Q&A

問題 6

無親無故者的骨灰被存放於保管室後，最終會如何處理？

下駄的回覆

根據日本的制度，舉目無親抑或身分不明者的骨灰，會被保存於火葬場直到規定期滿。這是因為有些家屬會在日後想到「搞不好失蹤不知去向的母親就在這裡」而前來洽詢，實際經過調查後也果真如此，因而接回遺骨的緣故。
過了規定的保管期限後，處理方式雖然因自治單位或地區而異，不過大多會被埋葬在該地區事先規劃好的公共墓地等地。假如來不及在保管期間領回故人遺骨，抑或非親屬身分而無法認領遺骨、不知故人被安置於何處，只要撥通電話到經手火化的火葬場，或直接跑一趟詢問，應該立刻就能解決此問題！

你還好嗎？前輩。
イテテテテ
嗯？小兄弟怎麼啦？鬧牙痛嗎？
這裡有止痛藥喔。
我的銀牙冠掉了，放著沒理它，結果變成這樣…
第10話
殘骨回收業者
ううううう
前輩說他前陣子手頭緊，所以遲遲不敢去牙醫治療。

※好痛啊啊啊

※嗚嗚嗚

畢竟我們的薪水真的少得可憐啊。
該說是情有可原嗎…啊哈哈～
呵呵呵，就是這樣。
這可不是笑笑就能帶過的事喔，得做好財務規劃才行呀。
傷腦筋的是，今天是殘骨袋的搬運日。
也是…痛成這樣根本無法做粗活…
因為沒辦法咬緊牙關嘛…
殘骨袋是指，
我們會將撿骨時裝不下骨灰罈的剩餘骨骸集中起來裝袋，這個袋子就叫做殘骨袋。

我在第一集也跟大家說明過，
東日本與西日本的收骨方式並不相同。
SOUTH
WEST
NORTH
東日本
全收骨
納入所有骨骸
骨灰罈較大
西日本
部分收骨
只擷取部分骨骸
骨灰罈較小
（※但九州多為全收骨）
骨灰罈的尺寸差異大致是這樣
我所任職的火葬場位於西日本，屬於部分收骨。
因此
會剩下較多的骨骸，
殘骨袋沒多久就會裝得滿滿滿。
裝滿一整袋的重量超過30公斤
就連男性要抬起這袋子都很吃力了
對女性來說應該頗為困難
這下該怎麼辦才好？浦田先生人在焚燒區，目前沒其他壯丁……
小姑娘，妳別擔心，有我在。
尾知先生畢竟有年紀了……還是別搬吧……這真的很重呀……
別擔心安啦……啦啦啦……
閃到

你們兩位還好吧。
嗯，似乎不太好。
嗯，似乎不太好。
殘骨室
呼
砰
咚
謝謝妳。
很抱歉，實在對不起。
已經快放滿了耶。
這一大堆殘骨會被如何處理呢？
殘骨回收業者每個月會來收一次。
是喔…那之後呢？
嗯，接著他們會過濾出骨骸與不純物。

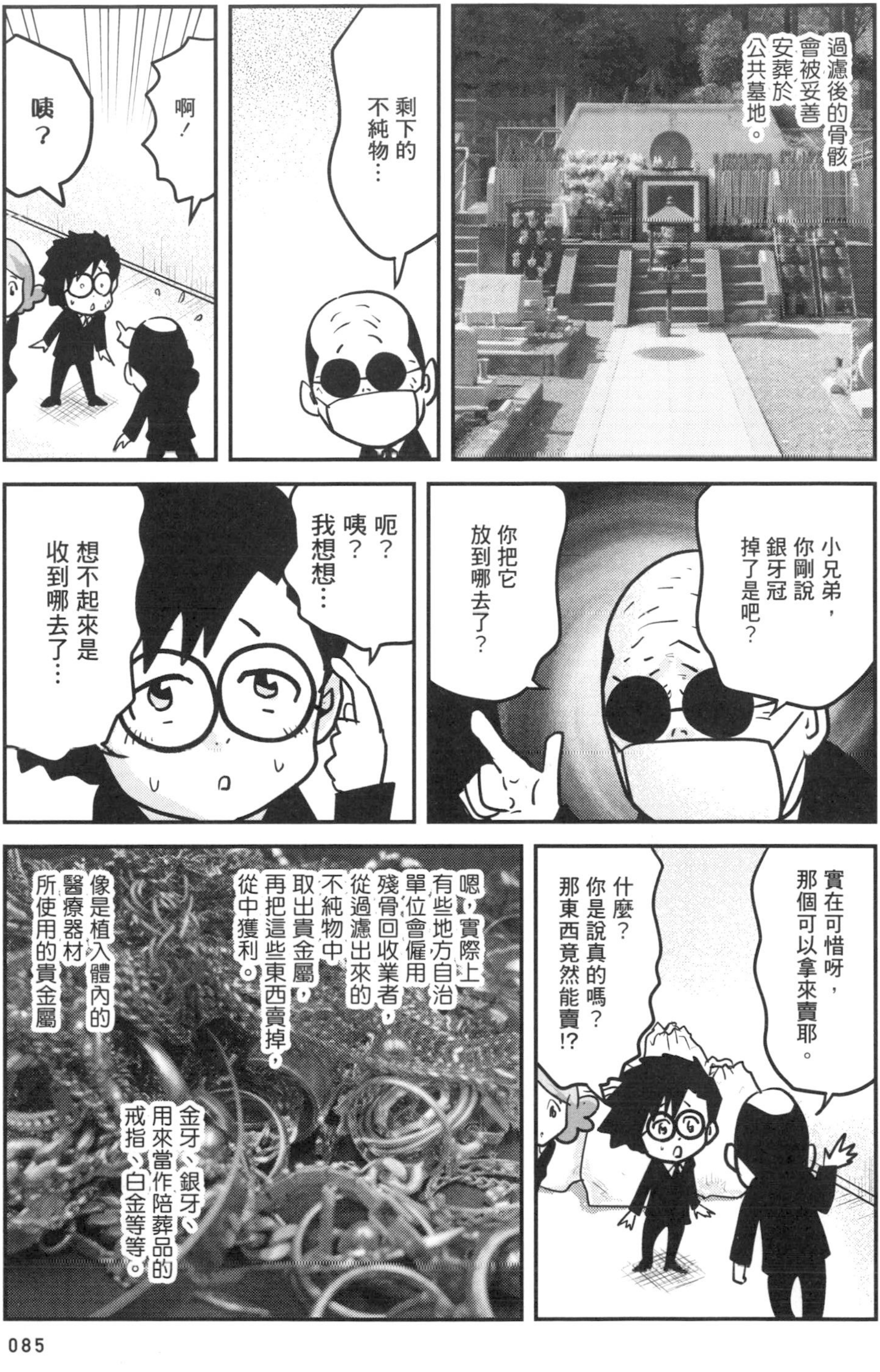
過濾後的骨骸會被妥善安葬於公共墓地。
剩下的不純物……
啊！
咦？
小兄弟，你剛說銀牙冠掉了是吧？
你把它放到哪去了？
呃？咦？我想想……
想不起來是收到哪去了……
實在可惜呀，那個可以拿來賣耶。
什麼？你是說真的嗎？那東西竟然能賣!?
嗯，實際上有些地方自治單位會僱用殘骨回收業者，從過濾出來的不純物中取出貴金屬，再把這些東西賣掉，從中獲利。
像是植入體內的醫療器材所使用的貴金屬
金牙、銀牙、用來當作陪葬品的戒指、白金等等。

據說有些地方的殘骨回收業者
見有利可圖，會以一元低價搶標，來獲得這門生意。
啊，我以前曾聽過，
存在於地球上的黃金資源只有兩座50公尺游泳池的量。
這樣啊…也就是說，若全都跟殘骨一起埋葬的話，地球上的貴金屬一下子就用完了。
沒錯。
所以資源回收是很重要的。
因此大部分的業者回收這些東西並不是為了中飽私囊囉。
嗯…
只不過聽說還是有這種宵小之輩。
某家殘骨回收業者因為沒得標，飯碗不保，
周轉不靈，竟然幹起了盜殘骨賊的勾當。

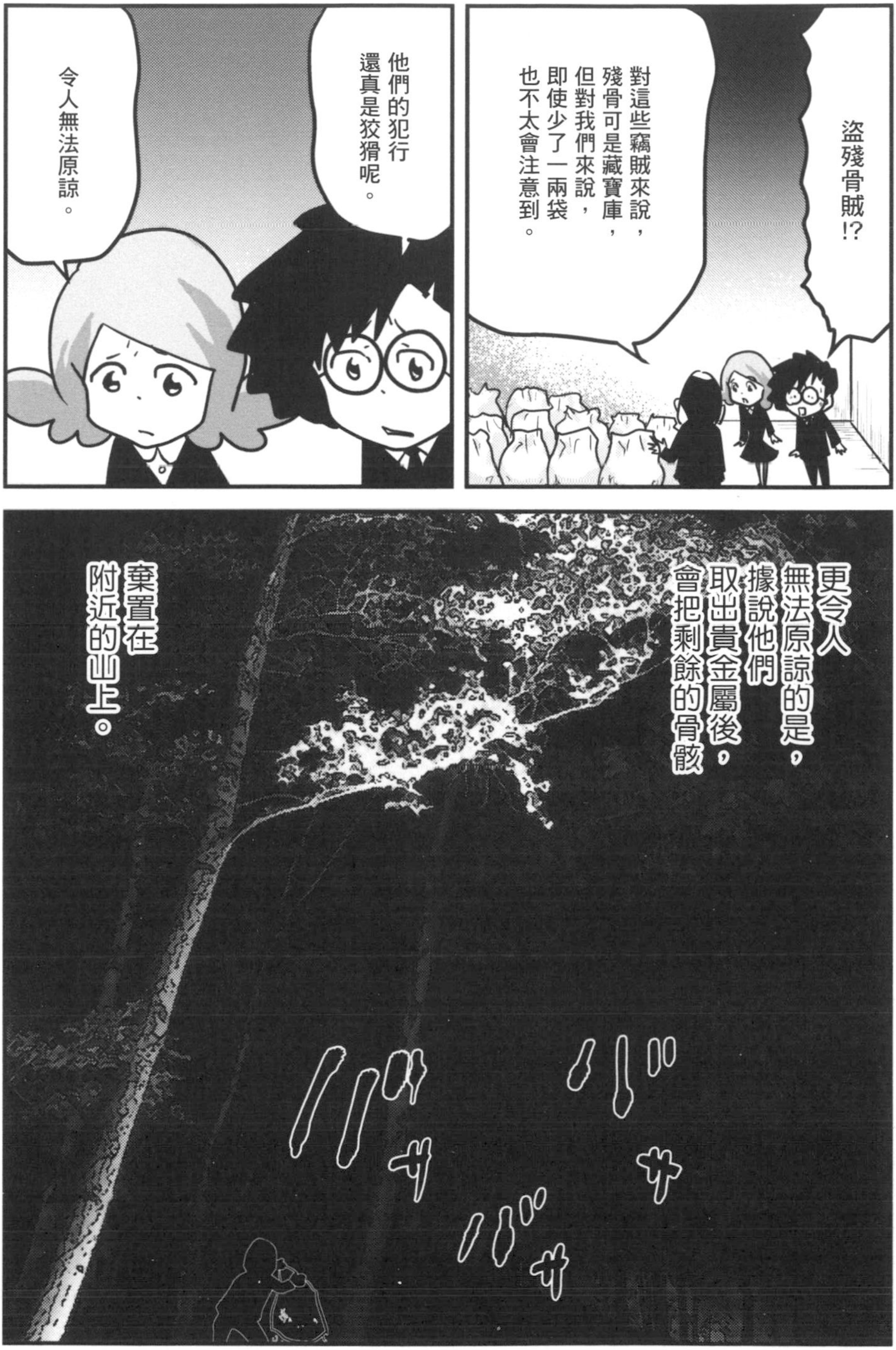
盜殘骨賊!?
對這些竊賊來說，殘骨可是藏寶庫，但對我們來說，即使少了一兩袋也不太會注意到。
他們的犯行還真是狡猾呢。
令人無法原諒。
更令人無法原諒的是，據說他們取出貴金屬後，會把剩餘的骨骸
棄置在附近的山上。
バサ
バサ
バサ

※嘩啦 嘩啦

相信這些人當初應該也是懷抱著一顆敬畏之心，來從事這份與死亡有關的工作…
這就是，所謂的
人窮志短吧…
那就再來搬個兩袋囉。
※加油喔！
好！那我也來幫忙。
我也是！還是要勞動筋骨，身體才不會生鏽——
你們兩位還好吧…
嗯，還好。
嗯，還好。
※痛啊

下馱來
解惑!!
火葬場Q&A

問題 7

關西與關東地區
為何會存在著
部分收骨與全收骨的差異呢？

下馱的回覆

關於這件事其實眾說紛紜，但這項文化的歷史意外地並不久遠。因為在數十年前、半世紀前以及現代的火葬率是大不相同的。距今一世紀前，反而是土葬占多數。因此要說東西不同的收骨文化乃自古以來的習俗，未免顯得牽強。現在被我們稱為火葬場的這種設施，是從明治時期發展而來的。因此，有一說認為，關東與關西之間或許是從這個時代開始出現差異的。

當時明治政府曾頒布「不得於火葬場附近設立墳場」的命令。而這項命令當然是以首都東京為據點傳播開來。那麼，大阪何時會得知這項消息呢？現在東京與大阪之間，搭乘新幹線不到三小時就能到達。不過當時應該必須花費相當多的時間吧。現代的距離感與當時的距離感可謂完全不同。有鑑於此，才有人主張前述的這項命令可能沒在西日本廣為流傳。也因為這樣，在火葬場附近未設有墳場的地區，才發展成由家屬將遺骨全數領回的全收骨；坐落於墳場附近的火葬場由於得以立刻下葬處理，所以才演變成由家屬領回部分遺骨的部分收骨。當然，這項差異的背後應該還有其他各種原因，在此僅舉出一例供讀者們參考。

下駄來
解惑!!
火葬場Q&A

問題8

火葬場會與哪些業者有所往來？

下駄的回覆

我認為最常有交流往來的業者為葬儀社。而且，若與葬儀社之間未能妥善配合、共享資訊，可能就會導致撿骨過程一波三折或鬧得不愉快。

比方說有一名85歲男性身故而被送來火葬場。各位讀者看見這行敘述會想到什麼呢？腦中是不是隱隱想到死者年事已高，所以撿骨時應該能很平順地進行……。

然而，在實際的喪葬場合上卻不能如此武斷。家屬們的情緒會因故人的死亡方式而大不相同。光以年齡來做判斷是非常危險的，因為說不定這名85歲的老者死得相當淒慘，也有可能是自行尋短走上絕路也說不定。

如此一來，撿骨時的氣氛也會受到影響。因此，若葬儀社能事先透露消息的話，我們就會好辦許多。

這並不是希望葬儀社人員能特地告知死因，只要稍微提醒我們一下「〇〇家的撿骨儀式，能否用速戰速決的方式處理……？」便已足夠。這只是其中的一例，但應該能幫助大家了解火葬場與葬儀社之間的配合是無比重要的。

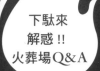

※爭論 不休

怎麼啦？
從剛剛到現在，
……
町田葬儀社跟另一家葬儀社吵個沒完。
ガヤ ガヤ
哦…
那個喔…
這廂是因缺德貪婪而惡名昭彰的無良葬儀社，桐子殯葬禮儀公司!!
第11話
血流不止的遺體火化

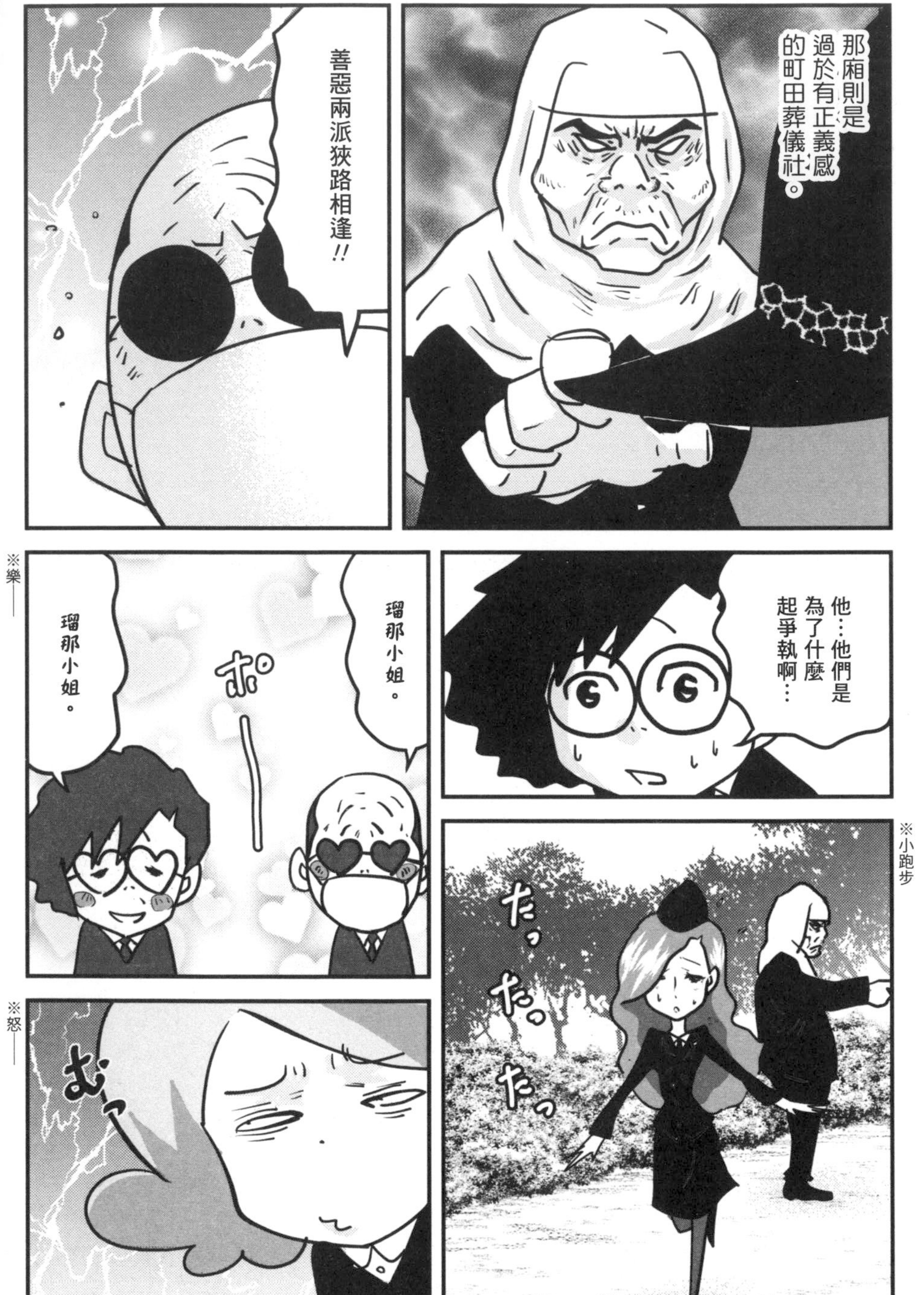

那廂則是過於有正義感的町田葬儀社。
善惡兩派狹路相逢!!
他…他們是為了什麼起爭執啊……
瑠那小姐。
ポー
瑠那小姐。
※樂——
※小跑步
たっ
たっ
たっ
※怒——
むっ

對不起，家父引起不小的騷動。
究竟發生什麼事？是有什麼問題嗎？
正經
若遇到任何困難，請儘管找我們商量。
正經
嘖…耍什麼帥啊？
是這樣的，家父看不慣桐子葬儀社的做法…
原來
嗯嗯
嗯嗯
然後把對方痛斥了一頓。
妳啊！連乾冰都偷工減料！
喝!!
咦？乾冰？這…這是什麼情況啊？
讓我來說給你聽吧。
你們是不是拜託桐子女士，分一些乾冰給町田葬儀社？
不是耶。
桐子葬儀社所運送的棺木一直在滴血。
啊？怎會這樣！這、這這是怎麼一回事!?

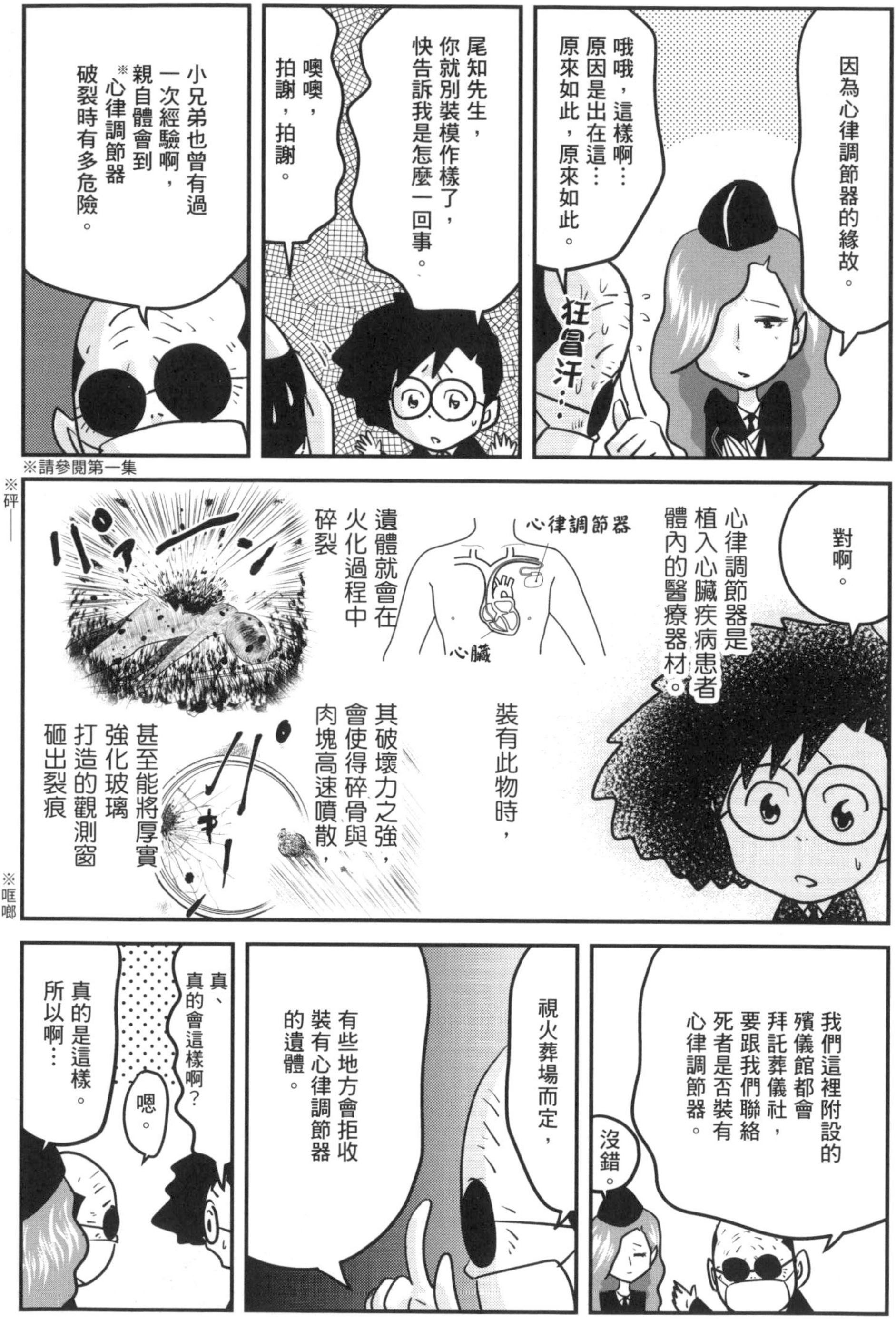
因為心律調節器的緣故。
哦哦，這樣啊⋯原因是出在這⋯原來如此，原來如此。
狂冒汗⋯
尾知先生，你就別裝模作樣了，快告訴我是怎麼一回事。
噢噢，拍謝，拍謝。
小兄弟也曾有過一次經驗啊，親自體會到※心律調節器破裂時有多危險。
※請參閱第一集
對啊。
心律調節器是植入心臟疾病患者體內的醫療器材。
心律調節器
心臟
裝有此物時，
遺體就會在火化過程中碎裂
※砰
其破壞力之強，會使得碎骨與肉塊高速噴散
甚至能將厚實強化玻璃打造的觀測窗砸出裂痕
※哐啷
我們這裡附設的殯儀館都會拜託葬儀社，要跟我們聯絡死者是否裝有心律調節器。
沒錯。
視火葬場而定，
有些地方會拒收裝有心律調節器的遺體。
真、真的會這樣啊？
嗯。
真的是這樣。所以啊⋯

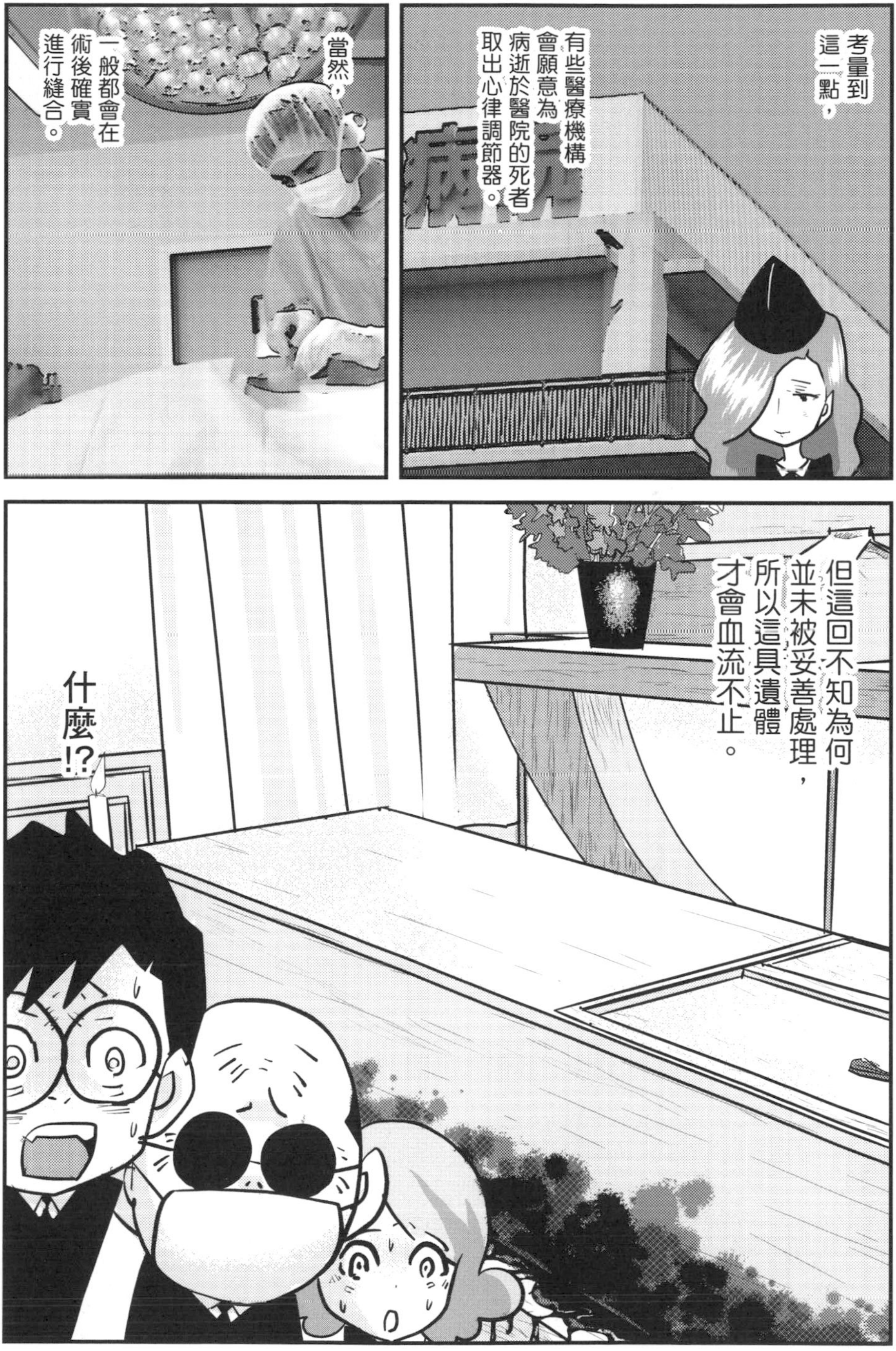

考量到這一點，
有些醫療機構會願意為病逝於醫院的死者取出心律調節器。
當然，
一般都會在術後確實進行縫合。
但這回不知為何並未被妥善處理，所以這具遺體才會血流不止。
什麼!?

那…那這麼說來，這並非桐子葬儀社的錯，而是醫院的疏失才對…
為何町田先生會氣成那樣呢…
不是啦，小兄弟，瑠那小姐剛剛有說，
妳啊！連乾冰都偷工減料！
町田先生如此痛罵了桐子禮儀一番。
所以重點就在乾冰呀。
正是如此。置放於棺內的乾冰不僅能防止遺體腐壞，
還具有冰凍遺體的功用，避免體液從死者體內流出。
原來如此…
我們家會放30公斤
一般只要放入標準用量15公斤左右，應該就不會有問題。
哇
那桐子禮儀連乾冰都偷工減料的話…
其實少放乾冰，也賺不了多少錢就是。

※引擎聲
ブロロロロ
桐子殯葬禮儀
嗯？
啊。
哇！
咦？
桃子，大事不妙！
桐子葬儀社載來了一大團家屬耶！得準備更多香爐來因應才行！
好的！前輩。
我們這些火葬場員工會根據家屬們所搭乘的車輛大小，來推測到場人數，並據此來調整各項準備。
啊，你們兩位別忙了！
小兄弟！小兄弟！
這是桐子禮儀的慣用手法啦。
啊？
※嗶——
ビー
桐
嘿喲
嘿喲
這麼大一台遊覽車…
只載了兩位老婆婆…

他們就是靠這樣來收取根本沒必要的高額包車費。
還真過分耶。
有夠狠的。
沒心肝啊。
我最討厭摳門還有視錢如命的人了。
那…那如果是，把杯麵的容器洗一洗，拿來當餐具之類的呢…？
那…那如果是，把剪下來的指甲收集起來，想說日後可能會派上用場之類的呢…？
這個嘛…
前輩…你居然會做這種事？
是OK的喔。
太好了…。
太好了…。
那邊好像也吵完了耶。
是我錯了…。
果然到最後還是正義會獲勝呢。

※蟬鳴聲
みーん
みん
みん
みーん
彪形大漢…有150公斤…
這樣啊，那肯定問來問去都沒地方願意收吧…
第12話 身材龐大者的火化
對，沒問題的，我們這裡有大型爐。
本篇要跟大家聊聊身材龐大者的火化。
阿天，要以最快的速度來重新安排火化爐，必須徹底跟大家確認好變更後的流程。

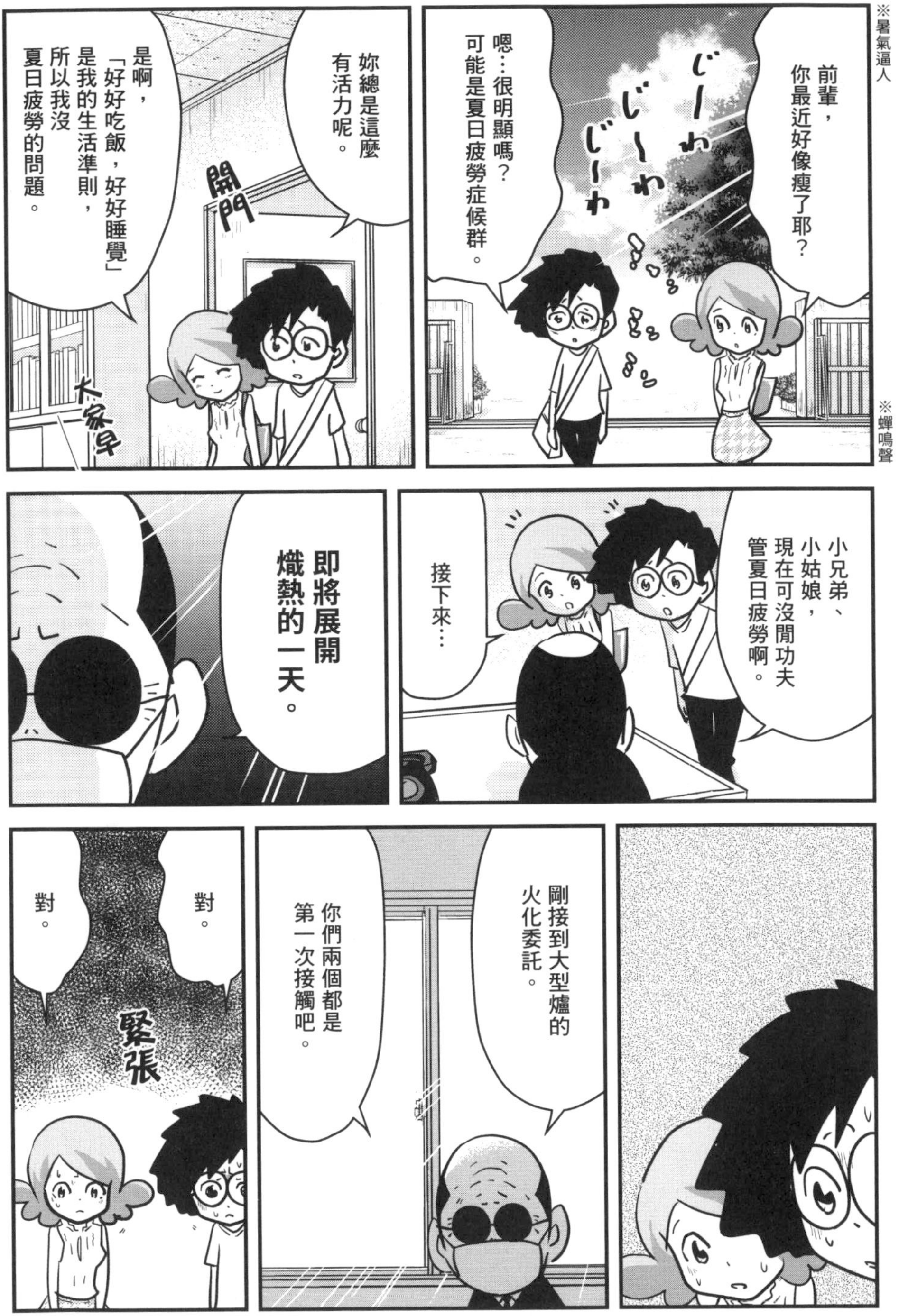
前輩，你最近好像瘦了耶？
じーわ じーわ じーわ
※暑氣逼人
※蟬鳴聲
嗯…很明顯嗎？可能是夏日疲勞症候群。
開門
大家早
妳總是這麼有活力呢。
是啊，「好好吃飯，好好睡覺」是我的生活準則，所以我沒夏日疲勞的問題。
小兄弟、小姑娘，現在可沒閒功夫管夏日疲勞啊。
接下來……
即將展開熾熱的一天。
剛接到大型爐的火化委託。
你們兩個都是第一次接觸吧。
對。
對。
緊張

大型爐是指，特別為身材龐大之人所設計的火化爐。
為了避免混淆，我們這裡是設在最邊邊的地方。
門的大小是相同的
話說回來，普通尺寸的棺材裝不下身軀龐大的死者。
尺寸為身高＋10～15公分
65cm
55cm
45cm
200cm
190cm
180cm
特大棺
大型棺
普通棺
所以必須特別訂做「大型棺」或「特大棺」來入殮。
一般的火化爐裝不下如此巨大的棺木，
所以才需要大型爐嗎？
嗯。
不過，並不是所有的火葬場都有這項設備。
所以也不乏在當地遍尋不著願意接手的火葬場，
好不容易找到我們這裡，
不遠千里而來，
早已筋疲力盡的家屬……
とぼ
とぼ
很久以前，
我曾火化過250公斤的遺體。

※卡

※累翻

250公斤!!
當時的家屬們……
來到我們這裡時，也是早已累壞了…
疲憊
不堪
令我感到過意不去的是，
一般來說，2小時就能完成火化…
但他卻需要花上4小時的時間火化。
4小時!!
4小時!!
尾知…如何?
ゴゴー
※轟轟
むわ~
※熱氣
不行…根本連水分都還沒噴出來…
ダラ
ダラ
ダラ
※流汗
果然…看來會是一場持久戰耶…加油。
是啊。

要在那麼熾熱的焚燒區待上4小時……
真的耶…夏日疲勞根本是小巫見大巫呢…前輩。
我有辦法做到嗎…
前輩你可以的…
只能硬著頭皮撐過去啦，小兄弟。
在人生最後的最後被棄之不顧的話，故人也會覺得委屈吧。
是的！我會想辦法克服的！
遺體也差不多快到了。
※咚
實際所見的大型棺…
比口頭敘述的尺寸規模更顯巨大。
一般會由4個人抬棺，將故人送入場內，
但這次我們拜託家屬幫忙，出動一大群人將棺木抬進場。

接著開始進行火化。
※轟
夏天的焚燒區酷熱無比。
※熱氣
※汗如雨下
※轟
前輩，幫你換毛巾喔。
作業時必須用浸過冰水的毛巾來為身體降溫。
謝謝妳。
※轟
情況如何呢，前輩。
嗯…
總算開始出水了…
※轟轟轟

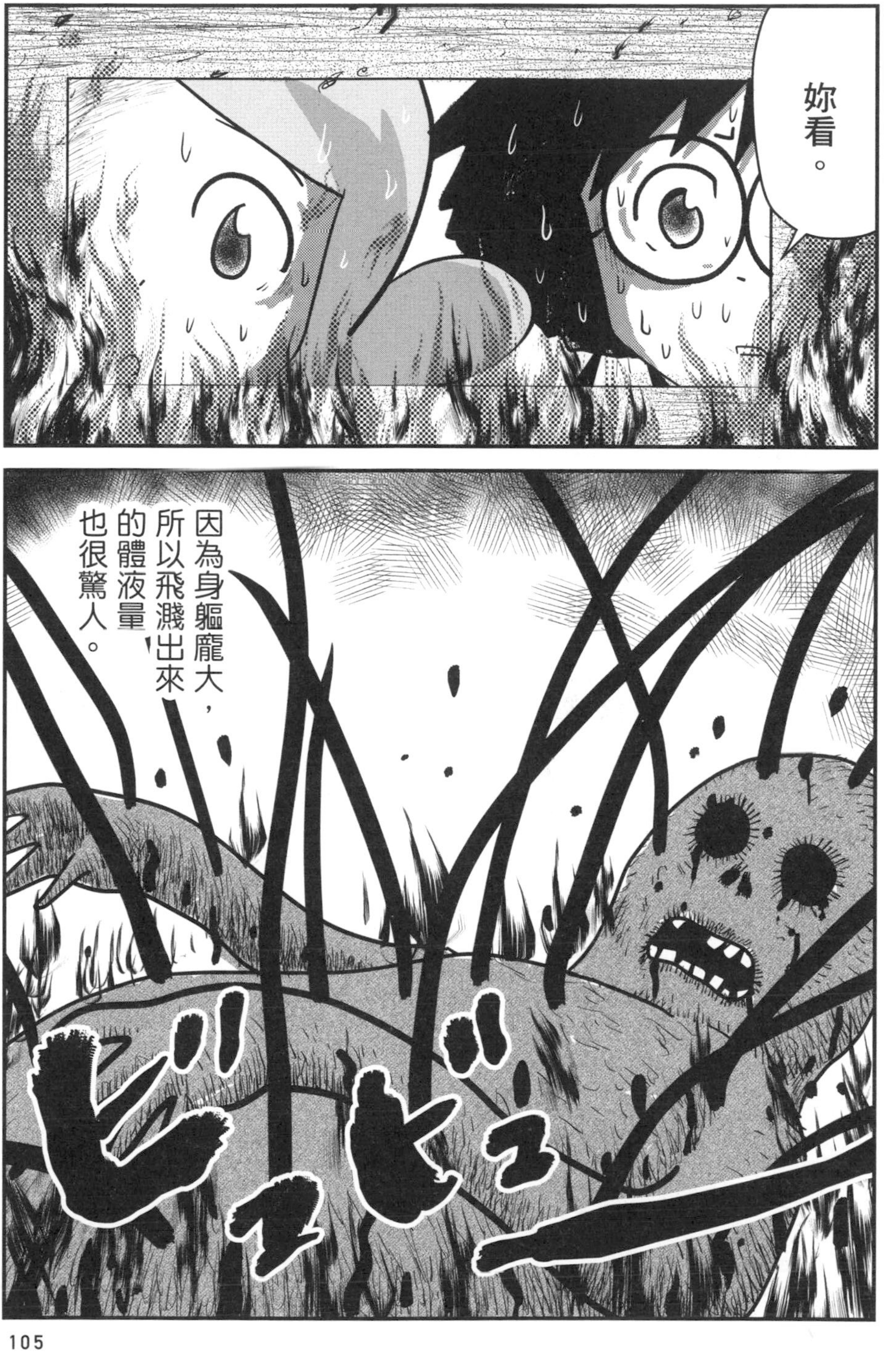
妳看。
因為身軀龐大，所以飛濺出來的體液量也很驚人。
ビュビュ

※狂噴——

※蟬鳴聲
結果花了3小時才完成這場火化。
直到中午過後才目送家屬離開。
辛苦大家了。
※憔悴
……
……
你努力撐過來了，小兄弟。
今天下班後我請你吃烤肉吃到飽。
真的嗎!?那我會吃好吃滿，補充體力，繼續加油！
我也要跟！
賺到～
※狂嚼
小姑娘，照妳這樣吃，到時恐怕得訂做特大棺喔。
……
沒問題的。到時候火葬場的員工們會想辦法解決的！
是…
是啊…
※滋──
※狂吃

下馱來
解惑 !!
火葬場Q&A

問題 9

家屬們在委託喪葬事宜之際，是否有方法可以看出該葬儀社是優良還是無良？

下馱的回覆

這是個非常難回答的問題。因為好壞的定義很主觀，究竟是葬儀社本身的服務很差，抑或該葬儀社中的某位人員態度特別不好，都會影響到評價。再說，好壞的界定標準因人而異，也跟彼此的磁場合不合有關。所以我認為這部分如同人際往來，皆存在著難處。

在網路上會看到許多，被騙錢！根本是詐欺！之類的分享文，但實際待過這個業界，我很少見到如此黑心缺德的業者。若敢這樣明目張膽地搞出這些惡劣的行為，不難想像這家公司肯定沒多久就會經營不下去。試想，定價高到明顯不合理的餐廳，應該會倒閉吧？所以我認為刻意擺爛對殯葬業者來說只是弊多於利，因此在挑選葬儀社時大可不必如此害怕踩到雷喔！

此外，在如今這個時代，會在公司網站上刊登出清楚好懂的方案費用的葬儀社，相對地能令消費者感到安心。因為從這可以看出他們對家屬「開誠布公的態度」。

下駄來
解惑!!
火葬場Q&A

問題 10

是否有不易燃燒，火化起來很困難的遺體？

下駄的回覆

由於脂肪具有易燃的性質，因此反過來說，脂肪較少的往生者可謂較不容易燃燒。尤其是肌肉量較高者必須花費更多的時間。以非常粗略的二分法來看，青壯年的火化時間長，老年人的火化時間則比較短。比方說，死者若為青壯年並且有在健身，體格健壯，那麼火化起來就比較不容易，如果我們能提前得知這類資訊的話，就會將撿骨時間延後，多留一點時間來進行火化……。我們會視情況採取各種對策，只希望家屬能無後顧之憂地放心送故人最後一程。

唔～～
究竟是怎麼了，兩個人都愁眉苦臉的…
莫非是…因為他…？
是啊。浦田先生，請聽我說，我們兩個被指派負責新人教育…
第13話 火葬場新進員工報到
微笑
微笑
微笑
新進員工 清尻盆水
就是得負責帶前一陣子到職的清尻。

幾天前
這裡叫做爐前大廳，也是進行撿骨的地方。
是！
就跟我第一天上班時一樣，
很乾淨吧？我們這群員工每天都很認真打掃喔。
尾知先生帶著清尻在火葬場內認識環境。
是的!!
嗨，小兄弟、小姑娘。
我來介紹一下，這是新加入的清尻盆水。
嘻福雞屁股
哇，很高興見到你，我是鬼瓦桃子。
是。
不停鞠躬
我是下駄華緒，請多指教！
是。
小盆子，他們兩位是很可靠的前輩喔。
對啦，就把小盆子交給你們兩個來帶吧。
什麼!?
責任重大耶…
我…我們一起加油喔，前輩。
也是啦，我們也不能總是停留在菜鳥員工的階段。
請多指教。
不停鞠躬
請多指教。
清尻能否成為獨當一面的火葬場員工這項任務，就這樣被交付到我們手中。

然而，實際相處過後才知道，
這位清尻弟並不是省油的燈，是個有點難帶的新人。
雖然他總是面帶微笑，
可其實相當膽小…
爬
心驚
是說…這也沒什麼不好…
是沒什麼不好沒錯…但應該是因為極度害怕失敗才會這樣吧…
帶領家屬撿骨時，他總是用自己預設的說法來應對，
即便故人年事已高，骨骸破碎不完整，
只要死者為男性必定套用此說詞。
故人的骨骸非常堅固有力，保留得相當完整。
遇到死於意外事故的往生者，
只要死者為女性必定套用此說詞。
故人的骨骸非常堅韌，潔淨無瑕。
他依然堅守自己的這項做法。
うーん
清尻，你每次都依樣畫葫蘆，這樣很危險喔。
總有一天會踢到鐵板啦。
……
清尻…
ニコニコ
嗯～
是有聽懂嗎？
呵呵

※嗯——

※笑嘻嘻

我得狠下心來實話實說，這是我職責所在……
對不起呀，清尻…
不管你是搞砸了，還是平順地完成各項業務，這些都不重要…
因為這不過是跟你本身那微不足道的自尊心有關罷了。
我們身為火葬場員工，最重要的是，直到最後的最後，都能顧及故人與家屬的情緒，
讓一切得以圓滿落幕。
這才是最該優先考量的事，
要懂得隨機應變來體察家屬情緒…
懂嗎？
是的！
笑嘻嘻
呵呵
う〜〜〜ん…
他真的有聽懂嗎…
就在某一天，偏偏就這麼剛好，
那個人又來了…

※唔

接下來將進入撿骨儀式。
誰呀？
這人是誰？
為什麼要撿骨骸？
翻動
翻動
ニヤァ
念念有詞
PARTY
※奸笑
她的衣服寫著party…
黑衣服上繡著黑色的party字樣…
派對。
鬼祟奸笑
喂！
妳是什麼人啊!!
PARTY
翻動
翻動
翻動
這位是墨田小姐，在火葬場來去無蹤的謎樣女子。
面對如此詭異的對象，清尻依舊…
故人的骨骸非常堅韌，潔淨無瑕。
滿臉
堆笑
照著他那套SOP開始進行撿骨的說明。
吼！小盆子是在幹嘛！
那女人可不是家屬啊！
混帳～！給我滾出去！
念念有詞

只要仔細看一下，應該馬上就能察覺到那女人不正常吧！
好了，好了。
那個人並沒有錯⋯
你這樣指責個沒完，只會讓他
更害怕失敗。
小菅，妳還是一樣耶，老愛袒護不成材的男人！
唔？哼 好氣！
我很嫉妒
要你管！
接著，真正的考驗時刻終於到來。
保持微笑
滿身大汗
這次的往生者，
難以從遺照判斷其性別。
前⋯前輩⋯查一下火化許可證應該就能知道性別⋯
我去看一下。
不用啦，桃子。
這說不定是個好機會。
或許能讓他開竅，懂得隨機應變來帶領家屬撿骨。
對⋯對耶，的確是個機會。

然而，小盆子依然執迷不悟，
故人的骨骸非常堅固有力，
而且很有韌性又潔淨無瑕。
男性版本
女性版本
ニコ
ニコ
ニコ
竟然將男女版本說詞結合起來，彷彿在形容用於建築的新建材般，面不改色地做說明。
浦田先生，即使發生了這些事…
但他還是一貫笑咪咪的…
不知他究竟是懂還是不懂…
う〜ん
う〜ん
原來如此，畢竟人心真的很難捉摸…
映照在他人眼中的表情與舉止，不見得代表當事人的真心…
前幾天，我看到他在走廊角落哭。
しく
しく
相信他也有自己的難處吧。
咦!?
你們可知當時是誰安慰他的？

※滿臉堆笑

※唉——

※抽抽噎噎

※推開門
是堀田女士嗎？
ギィィィィ
資材室
抽抽
噎噎
是墨田小姐喔。
哇!!
※砰
嗨。
面帶微笑
派對。
啊哈哈。
PARTY
那…那個party的刺繡字樣，
或許她的用意是想安慰傷心的家屬呢。
搞不好，不懂得隨機應變體察家屬情緒的，反而是我們也說不定。
他這樣真的有辦法看出他人內心深處的情感嗎……而且…
那個人並沒有錯。
ニコ
ニコ
※滿臉笑容
似乎還是有人願意為這麼不靠譜的他加油打氣。
じーー
※蟬鳴聲
小盆子，加油。
捏捏
我也是很替他加油的啊？

※蟬鳴聲
萬物出籠，
各種生命熠熠生輝，
好不熱鬧的夏天，宣告結束…
ジーワ ジーワ ジーワ
ミーン ミーン ミーン
シャワ シャワ シャワ シャワ
秋天悄悄地
靜靜地…
來訪…
カサ カサ
※落葉翩翩
接著
寡言又冰冷，
對生命帶來嚴峻考驗的
冬天於焉到來。
所有的生命都是
獨自來到這個世界，
獨自死去的，
儘管明白這個道理，
但還是令我覺得難以承受…
第14話
冬天的
火葬場
大雪
紛飛
寂靜
每到冬天時，
我就會感到孤單，
陷入孤獨無助的
情緒裡。

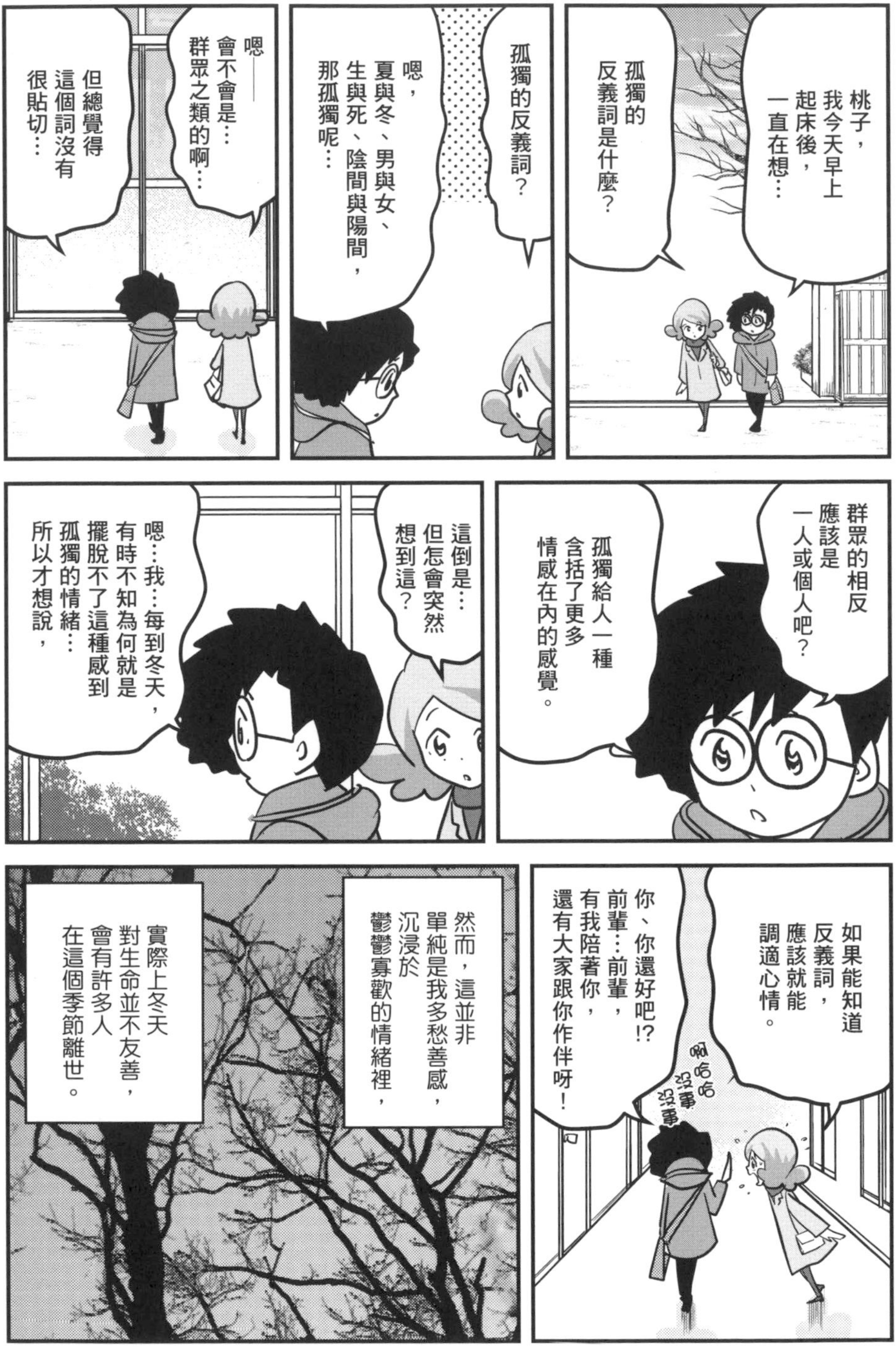
桃子，我今天早上起床後，一直在想…
孤獨的反義詞是什麼？
孤獨的反義詞？
嗯，夏與冬、男與女、生與死、陰間與陽間，那孤獨呢…
嗯——會不會是…群眾之類的啊…
但總覺得這個詞沒有很貼切…
群眾的相反應該是一人或個人吧？
孤獨給人一種含括了更多情感在內的感覺。
這倒是…但怎會突然想到這？
嗯…我…每到冬天，有時不知為何就是擺脫不了這種感到孤獨的情緒…所以才想說，
如果能知道反義詞，應該就能調適心情。
你、你還好吧!?前輩…前輩，有我陪著你，還有大家跟你作伴呀！
啊哈哈 沒事 沒事
然而，這並非單純是我多愁善感，沉浸於鬱鬱寡歡的情緒裡，
實際上冬天對生命並不友善，會有許多人在這個季節離世。

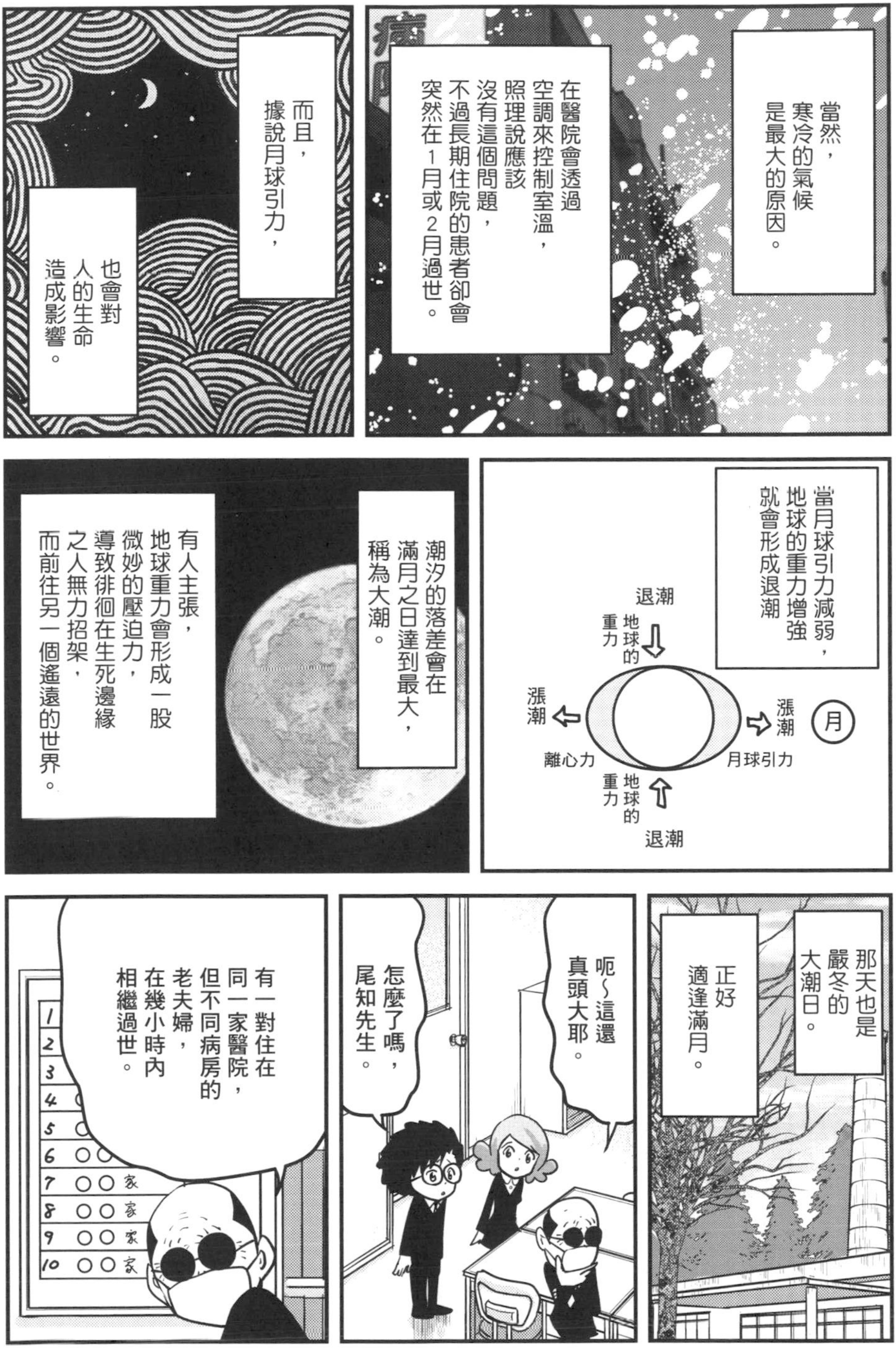
當然，寒冷的氣候是最大的原因。
在醫院會透過空調來控制室溫，照理說應該沒有這個問題，不過長期住院的患者卻會突然在1月或2月過世。
而且，據說月球引力，
也會對人的生命造成影響。
當月球引力減弱，地球的重力增強就會形成退潮
退潮
地球的重力
漲潮
月
月球引力
漲潮
離心力
地球的重力
退潮
潮汐的落差會在滿月之日達到最大，稱為大潮。
有人主張，地球重力會形成一股微妙的壓迫力，導致徘徊在生死邊緣之人無力招架，而前往另一個遙遠的世界。
那天也是嚴冬的大潮日。
正好適逢滿月。
呃~這還真頭大耶。
怎麼了嗎，尾知先生。
有一對住在同一家醫院，但不同病房的老夫婦，在幾小時內相繼過世。

這還真罕見耶。兩位都要在我們這裡火化？
是啊，是這樣沒錯，但這對老夫婦有交代一件事。
是…是什麼事啊？
他們想在相鄰的火化爐，同時火化…
想必是深愛著彼此吧。
可…可是…這很難辦到耶…
就是說啊。
傷腦筋
傷腦筋
為什麼很難啊？這不是很簡單嗎，
只要調整一下火化爐的班表不就好了…？
小盆子，
事情可沒那麼單純吶。
在相鄰的火化爐進行火化時，兩邊的熱度會交互作用，
偶爾會發生爐內的溫度過高，導致火化爐故障的情形。
我們這裡是市立機構，
市府有規定，為了保護火化爐，禁止在相鄰的設備同時進行火化。
1. 2. 3. 4. 5.
○ × ○ × ○
運作 空下來 運作 空下來 運作
看來只能回絕了。
嗯…
啜飲
也是啦…
對啊。
沒錯。

我們身為火葬場員工，最重要的是…
隨機應變來體察故人與家屬的情緒，在最後的最後讓一切能圓滿落幕。
兩位前輩是這麼教我的…嘻嘻
是…是啊…
啞口—
說得沒錯…
嗯…
被反將一軍了。
啊哈哈。
說的好，小盆子…
各位…我們不能就這樣輕易放棄啊！
一起來完成吧！
好的！
贊成!!
好！
話雖如此…該怎麼做才好呢…
我有想到一個大膽的方法…不知行不行…
是什麼啊，小兄弟，說來聽聽。
不如…將兩人放入同一座棺木內進行火化如何？
這倒也是個方法…
就火葬場的規定來看屬於灰色地帶，但應該不犯法！
振奮
如何啊，阿天！可行嗎!?
我完全沒想到這一點…
假設…假設讓兩人並躺在一起入殮的話，
會非常占空間，即使是特大棺也裝不下。
汗如雨下

※滾動
若以上下疊放的方式入殮時，
ゴ
位於上方的遺體恐怕會在火化中滾落，接著卡在爐壁上而碳化……
滋—
滋—
滋—
流汗
流汗
流汗
※蟬鳴聲
所以不可行囉…？
抱歉…
ダラ
※汗如雨下
算啦，不如死馬當活馬醫吧…
武闘派…
只能換我出馬去跟市府強硬交涉了
ギリッ
※發狠
拜託你了！
請加油！
嗯！包在我身上！
好的…
喂…承蒙您們的照顧。
是！是！您好！
鞠躬哈腰
好謙卑…
低姿態…
低姿態…
可是啊，您看，震災那時我們也是所有設備同時運轉…
當時也沒出現任何問題嘛，呵呵呵。
他們兩位在臨終之際的心願，就是可以同時在相鄰的火化爐進行火化…
由此可見他們鶼鰈情深呀…
拜託答應吧…
加油！
加油！
衝啊衝啊！
人非草木嘛！
拜託！拜託！
鞠躬
鞠躬
鞠躬
※叩

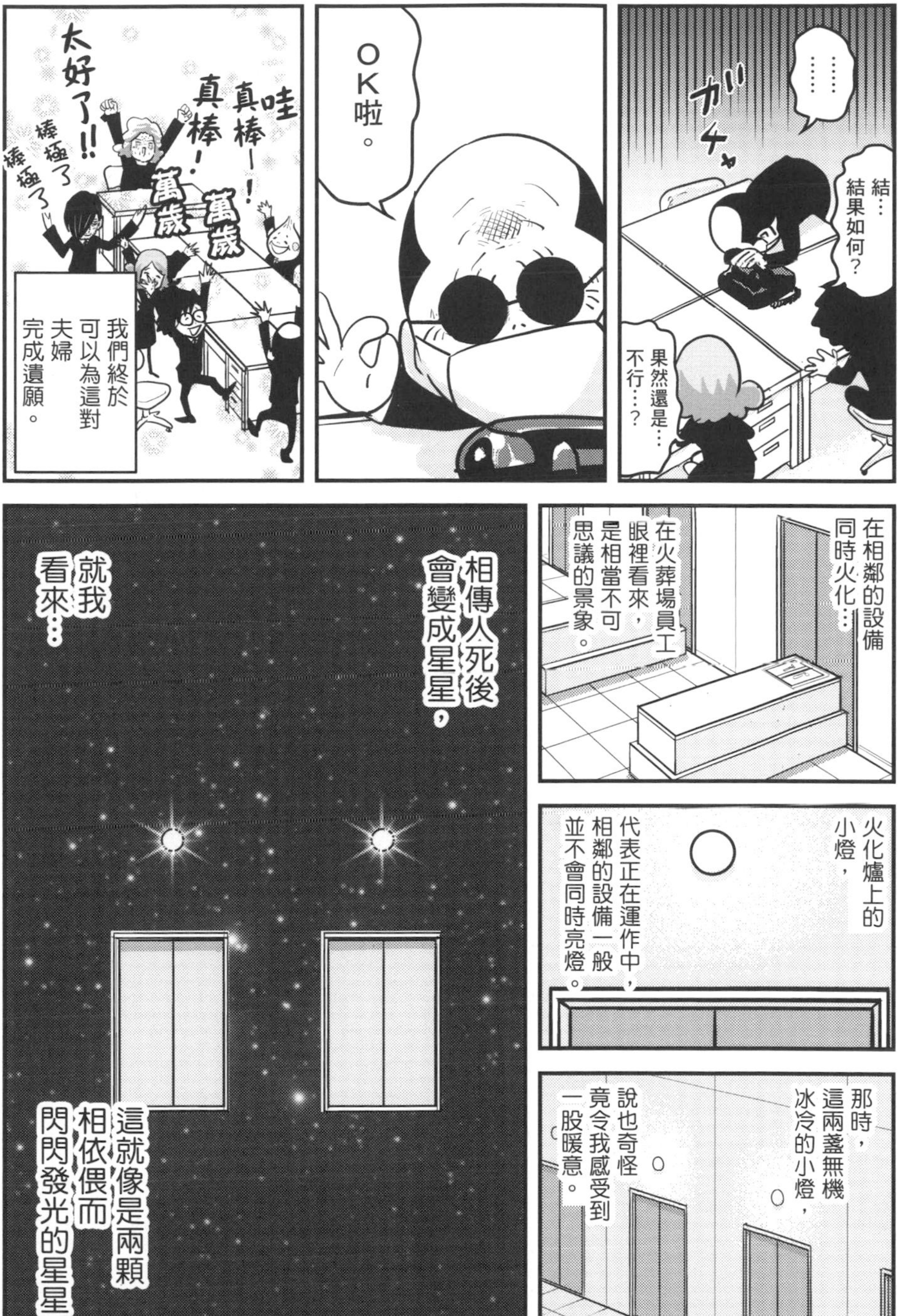

※喀鏘
……
ガチャ
結…結果如何?
果然還是…不行…?
OK啦。
哇 真棒ー!
真棒!
太好了!!
棒極了
棒極了
萬歲
萬歲
我們終於可以為這對夫婦完成遺願。
在相鄰的設備同時火化…
在火葬場員工眼裡看來,是相當不可思議的景象。
火化爐上的小燈,
代表正在運作中,相鄰的設備一般並不會同時亮燈。
那時,這兩盞無機冰冷的小燈,
說也奇怪竟令我感受到一股暖意。
相傳人死後會變成星星,
就我看來…
這就像是兩顆相依偎而閃閃發光的星星。

辛苦啦
辛苦了～
明天見～～
ハァ～
好冷喔，前輩。
※呼
要不要牽手取暖呀？
怦怦怦怦怦怦
欸？
因…因…因為很冷嘛。
也是，來吧。
牽
哇!!好溫暖喔!!
羞
我…我有點緊張，所以體溫變得比較高…不好意思…
暖呼呼
先不說這個了，前輩…星星好美喔。
嘻嘻
對齁…我想到了…是溫暖啦…
咦？你是指什麼呢？
孤獨的反義。
就這樣，
生命的燈火明明滅滅，
咦？那前輩你現在…
嗯，一點都不孤獨喔。
火葬場的季節，
周而復始，不斷循環。

登場人物
介紹
其2

【墨田小姐】

生年月日……不詳

會混入非親非故者的喪禮中，
偷窺部分過程的喪葬控。
在下駄所任職的火葬場
也引發了各種問題，
但同時具有愛護昆蟲等善良的一面，
是一位渾身是謎的女子。

【清尻盆水】

生年月日……不詳

綽號雞屁股。
是下駄繼鬼瓦之後的第二位後輩。
過於害怕在工作上出錯，
只會照本宣科行事，
時常令人為其捏把冷汗，
不過有時會在進行討論的過程中
提出一針見血的言論，
令前輩們大為驚艷。

後記

我真的壓根沒想到描寫火葬場的漫畫能在日本賣出好幾萬冊，並獲得廣大讀者的迴響。不過在我決定分享這些火葬場的工作經驗前，倒是有預想到「應該會有挺多人想了解這個行業才對……」。與初次見面的人提到「我原本是火化技師」時，會有很高的機率被徵詢意見或被問到各種問題。我想，這在在證明了這個行業的工作內容有多「鮮為人知」。在日本，有超過99%的往生者會被火葬。就這層意義而言，火葬無疑是「與人人都相關的事」，但人們卻知之甚少。雖然與99%的民眾有關，大家卻近乎毫無概念，著實是相當特殊的狀態。

有YouTube觀眾告訴我，在幾乎沒有任何基礎知識的情況下，就算曾去過火葬場，「也不會留下任何印象」，我聽完後也覺得「這麼說也是啦」。的確，在我成為火化技師前，也不太記得自己以家屬身分前往火葬場時的事。有位觀眾留言表示，透過我的YouTube頻道等方式，逐漸對火葬場有所了解，剛好最近曾去過一趟火葬場，神奇的是，當時的記憶竟鮮明地留在腦海裡，令其感到又驚又喜。

這種現象似乎也能透過醫學方式來說明，據說人在毫無所知的狀態下，接二連三地接收到新資訊時，腦袋會無法消化，難以形成完整的記憶，不過，只要具備一點基礎知識，就會被確實記下來。能聽到這些連我自己都沒料想到的見聞，即便如今已辭去火化技師一職，依舊獲益良多。此外，也有現役的火化技師留言表示，我所分享的經驗很值得參考，實在令我感到欣喜，真心覺得「很慶幸自己做過這份工作」。

最後，由衷期盼全國各地的火化技師們，能在更好的職場環境下工作。多虧這群在火葬場服務的人員，我們才能送親人們走完最後一程。我在今後的人生中也會有用到火葬場的一天，屆時再勞煩各位了。

2022年　10月　下駄華緒

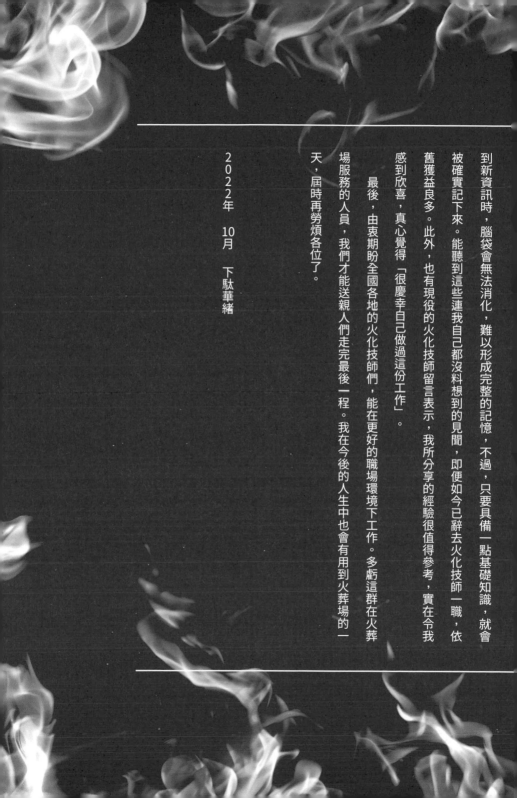

點燃最後一把火的送行者
一級火葬士的工作日常

2

2023年10月1日初版第一刷發行

原　　案　下駄華緒
漫　　畫　蓮古田二郎
譯　　者　陳姵君
編　　輯　魏紫庭
發 行 人　若森稔雄
發 行 所　台灣東販股份有限公司
＜地址＞台北市南京東路4段130號2F-1
＜電話＞(02) 2577-8878
＜傳真＞(02) 2577-8896
＜網址＞http://www.tohan.com.tw
郵撥帳號　1405049-4
法律顧問　蕭雄淋律師
總 經 銷　聯合發行股份有限公司
＜電話＞(02) 2917-8022

TOHAN

國家圖書館出版品預行編目資料

點燃最後一把火的送行者. 2：一級火葬士的工作日常/
下駄華緒原案；蓮古田二郎漫畫；陳姵君翻譯. -- 初
版. -- 臺北市：臺灣東販股份有限公司, 2023.10
128面；14.8×21公分
ISBN 978-626-379-029-2(平裝)

1.CST: 殯葬業 2.CST: 火葬 3.CST: 漫畫

489.67　　112014829